羽绒加工技术

强涛涛　著

科学出版社

北　京

内 容 简 介

本书介绍了羽绒基础知识、羽绒加工处理技术、羽绒检测指标和不同的改性处理技术，详细介绍了羽绒脱脂技术、提高羽绒蓬松度工艺技术、降低羽绒粉尘含量的加工技术，以及羽绒染色和漂白技术，全方位地介绍了提升羽绒性能的新方法和当前市场上常见改性方法对羽绒性能的影响。

本书可供羽绒行业的工作者、科研人员以及大专院校轻化工程相关专业的师生阅读参考。

图书在版编目(CIP)数据

羽绒加工技术/强涛涛著. —北京：科学出版社，2022.10
ISBN 978-7-03-073152-4

Ⅰ. ①羽… Ⅱ. ①强… Ⅲ. ①羽绒-加工 Ⅳ. ①TS959.16

中国版本图书馆 CIP 数据核字（2022）第 168495 号

责任编辑：杨 丹 / 责任校对：崔向琳
责任印制：张 伟 / 封面设计：迷底书装

科学出版社 出版
北京东黄城根北街 16 号
邮政编码：100717
http://www.sciencep.com
北京中石油彩色印刷有限责任公司 印刷
科学出版社发行 各地新华书店经销
*
2022 年 10 月第 一 版 开本：720×1000 1/16
2024 年 1 月第二次印刷 印张：9 1/4
字数：185 000

定价：98.00 元
（如有印装质量问题，我社负责调换）

前　言

羽绒纤维是一种天然的蛋白质资源，质地轻、软，具有良好的蓬松性能和绝佳的保暖、隔热性能，是目前衣物填充物中最理想的生物质保暖原料。

我国家禽养殖业较为发达，禽类羽毛产量每年都在百万吨以上。然而，大多数养殖场直接将羽毛丢弃或作为动物饲料。不仅羽毛及羽绒的利用率低，还会污染环境，存在火灾隐患。若将这些废弃羽毛加以回收，制造出具有高附加值的羽绒制品，对我国可持续发展和绿色消费具有重大意义。

我国是世界上最大的羽绒原料及制品生产国和消费市场，目前全球有60%以上的羽绒来自于中国。羽绒行业也吸引了大量的从业者，成为国民经济中不可忽视的新兴产业。相关数据显示，2022 年，我国现存羽绒制品相关企业近 5 万家，其中产值超过 100 万元的企业有 3000 余家，总产值超过 300 亿元，从业人员近百万，出口创汇约 20 亿美元。

目前我国羽毛加工和羽绒制品企业已经形成规模化和产业基地化。但是，羽绒加工行业普遍存在技术更新较慢、自主创新能力不强、缺乏核心专利、从业人员整体文化水平不高，专业知识不足等问题。经调查，当前市场上并没有针对羽绒加工技术的相关专著。希望本书为初学者了解羽绒基础知识、熟悉羽绒加工处理技术及各项检测标准提供参考；为培养羽绒产业后备人才，推动羽绒行业的可持续发展提供理论支撑。

全书共 6 章，包括羽绒加工基础知识，羽绒脱脂技术，提高羽绒蓬松度工艺技术，降低羽绒粉尘含量的加工技术，彩色羽绒的染色技术，羽绒漂白技术。为了便于读者的理解，在描述不同加工技术时插入了合成原理或制备流程示意图。本书内容系统全面，便于自学，实用性很强。

陕西科技大学硕士研究生张琦参与了本书资料整理及试验研究工作；博士研究生陈露、蒲亚东和硕士研究生邱波强、任雯琪、阮晓楠参与了图表绘制和整理工作；硕士研究生朱润桐对书稿的格式进行了编排。在此一并表示感谢。

由于作者水平有限，书中难免存在不足之处，敬请读者批评指正。

强涛涛

2022 年 8 月

目　录

第1章　绪　　论

1.1　羽 绒 纤 维

1.1.1　羽绒纤维概念

羽毛是指覆盖在禽类体表质轻、柔软、蓬松、防水，主要由角质化蛋白质构成的瓣状结构[1]。

按照羽毛的形态和功能可将其分为正羽、纤羽和绒羽。正羽是指生长在禽类尾部、翅膀、颈部等部位的片状羽毛，具有完整的羽毛结构。正羽的结构见图 1.1（a），由羽根、羽干、羽枝等构成。纤羽一般生长于禽类全身部位，羽轴硬度高，羽枝数量少，保暖性能差，可利用价值不高。绒羽又称羽绒，紧贴禽类和鸟类体表，生长密集，被正羽覆盖，在结构上与正羽有明显的不同，羽干退化，羽枝从羽根处开始呈放射状生长，羽枝蓬松柔软。整个羽绒呈雪花状，具有优良的保暖性能，是羽毛中价值最高的部分[2]。羽绒结构见图 1.1（b）。

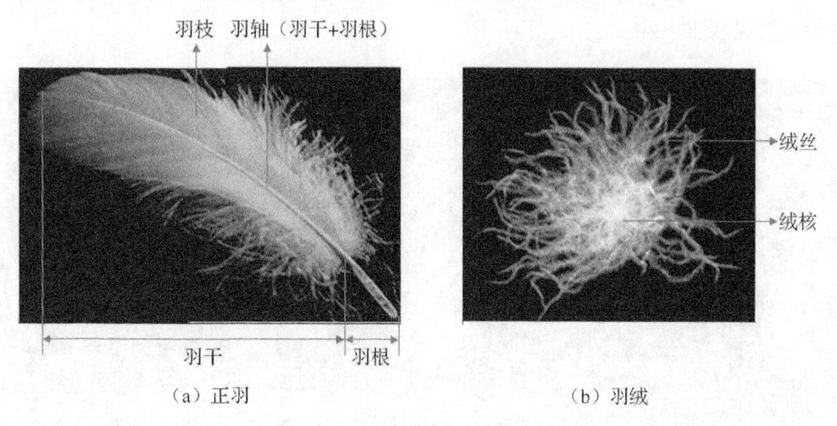

（a）正羽　　（b）羽绒

图 1.1　正羽及羽绒结构

羽绒纤维是一种天然的蛋白质资源，质地轻、软，具有良好的蓬松性能和绝佳的保暖、隔热性能，几乎没有其他纤维可以替代。在严寒的冬季，羽绒服装产品既柔软保暖，又轻盈舒适，是人们冬季首选的防寒保暖服装。

1.1.2　羽绒纤维结构

羽绒纤维和羊毛、蚕丝纤维等天然纤维相同，主要由蛋白质构成。人们将构成羊毛的蛋白质称为角朊，将构成蚕丝的蛋白质称为丝朊，将构成羽绒的蛋白质称为羽朊。羽绒纤维由羽朊和包裹在羽朊上的薄膜组成。这种薄膜是由甾醇和三磷酸酯构成的双分子层膜。甾醇和三磷酸酯的结构式见图 1.2。其中，甾醇，又名固醇，广泛分布在生物界，基本结构为环戊烷多氢菲，难溶于水；三磷酸酯是由有机醇和三分子的磷酸酯化而成的酯类化合物，也难溶于水[3]。

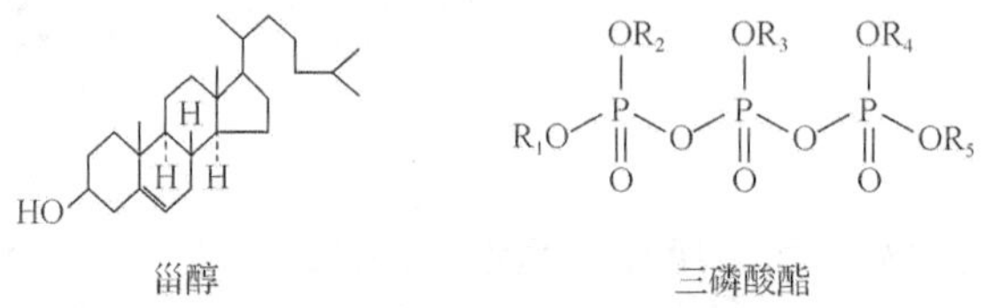

甾醇　　　　三磷酸酯

图 1.2　甾醇和三磷酸酯的结构式

羽绒纤维的微观形态与羊毛纤维有所不同。在扫描电子显微镜下观察羊毛纤维，其表面是由片状鳞片细胞组成的鳞片层；羽绒纤维表面没有明显的鳞片层[4]，但是沿纤维径向有或深或浅、凹凸不平的沟壑状纹理[5]。扫描电子显微镜下的羽绒表面形态结构显示，羽绒的中央有一个极小的绒核，它连接着几十根绒枝，每根绒枝上又生长着大量的绒小枝，且靠近绒枝上的绒小枝呈扁平状，远离绒枝的绒小枝则呈现柱状，细度也越来越小。图 1.3 所示为通过扫描电子显微镜得到的羽绒纤维微观表面结构。

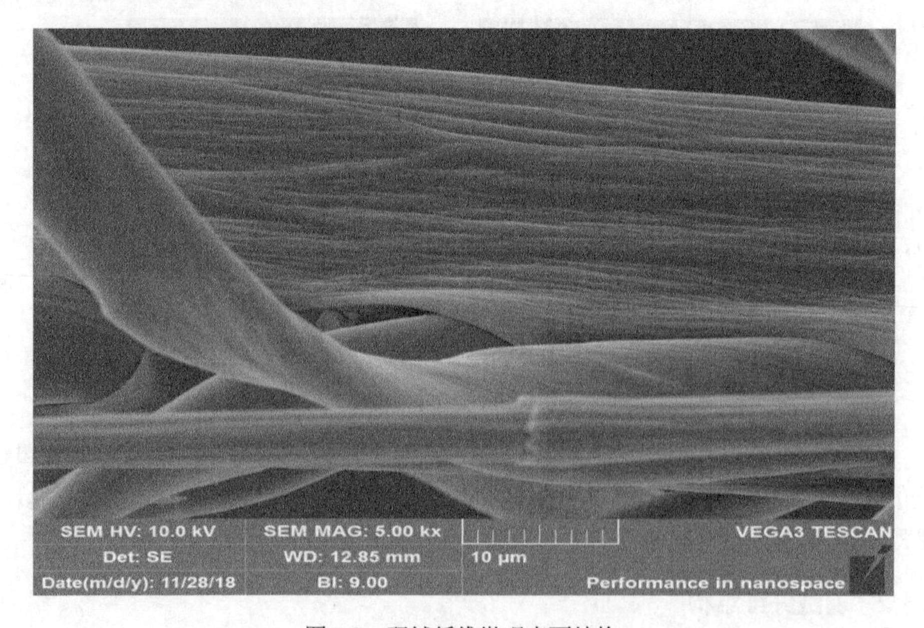

图 1.3　羽绒纤维微观表面结构

1.1.3　羽绒纤维物理化学性能

羽绒纤维蓬松性能良好。羽绒纤维的绒枝多而长，大量纤长的绒枝自然排列组合在一起，互相缠绕，朝不同方向伸展，绒枝间隙可以固定大量空气，占据空间，并且绒枝上的节点在受到挤压和压缩后可以起到支撑与恢复的作用，从何达到蓬松效果[6]。

羽绒纤维保暖性良好。这是因为羽绒纤维自身导热系数很低，热量散失较慢，同时，羽绒纤维具有良好的蓬松性能，蓬松的羽绒纤维之间固定有大量空气，进一步防止了热量的散失。另外，羽绒纤维截面呈泡状结构，排列规则，含有空洞甚至空腔，这些空腔也有助于保暖[2]。

羽绒纤维具有良好的吸湿性能，穿着舒适性优良。这是因为羽绒纤维上绒枝众多，并呈放射状排列，绒枝上还生长着绒小枝，绒小枝上又生长着许多节点，使羽绒纤维的表面积相对较大，具有较强的表面能和吸水能力，故具有良好的吸湿性能[7]。

羽绒纤维具有良好的防水性。羽绒纤维的临界表面张力是所有蛋白质纤维中最小的。物体的临界表面张力是一种液体能在物体表面分布的最高表面张力[8]。由于水的表面张力大于羽绒纤维的临界表面张力，故水很难在羽绒纤维表面分布。同时，常温下干净羽绒不能被纯水所润湿，这也与它的表面结构有关，羽绒外面有一层由甾醇和三磷酸酯双分子层构成的细胞膜，其中甾醇和三磷酸酯均是难溶于水的物质。

羽绒纤维耐酸不耐碱。这主要是因为酸能够使角蛋白分子的盐式键断开，并与游离的氨基结合[9]。常温下，无论是弱酸还是强酸，对羽绒纤维基本无影响[10]，而碱不仅会使羽绒纤维角蛋白分子的盐式键等分子间键断开，而且能破坏角蛋白中的二硫键，催化肽键的水解，对羽绒有破坏作用[11]。

羽绒纤维耐还原剂不耐氧化剂[12]。常温下还原剂很难破坏羽绒纤维中的盐式键和氢键，不会引起羽绒纤维明显的损伤，而氧化剂可以使角蛋白胱氨酸中的二硫键断裂，并将二硫键氧化成磺酸基。弱的氧化剂在较低温度时对羽绒纤维的破坏作用不大，但是强氧化剂在高温、高浓度、长时间地作用于羽绒纤维会使其受到严重损伤[13]。

1.1.4　羽绒品质要求

成品羽绒要经过多项检测，各项检测合格后才能出厂。一般对羽绒品质的要求主要有羽绒含绒量、蓬松度、清洁度、残脂率、耗氧量、气味、水分等。具体检测项目及其意义如下所述。

含绒量，又称绒子含量，即羽绒所占的百分比。例如，含绒量80%白鸭绒，是指100g白鸭绒中有80g为羽绒，其余20g为符合规格的毛片等。含绒量是羽绒市场价格的主要依据，是衡量羽绒及其制品品质的重要指标之一[14]。目前，大多数厂家采用的方法是人工挑拣法，即先称取一定量的羽绒样品，质量检测人员借助显微镜或者肉眼观察，将绒子和杂质、毛片等分开，再分别称量其质量，计算绒子含量[15]。这种方法需要花费大量的时间和人力，而且对检测人员的专业技能有较高要求，误差较大。还有一种方法是绒量检测仪法，其原理是利用绒子的质地轻软而毛片的质地相对较沉的特性，通过仪器产生一定的风压，将毛片和绒子一同吹起，绒子飘起的高度比毛片高，这样就可以与毛片分离，再测定质量即可计算绒子含量[16]。

蓬松度是指羽绒纤维的弹性程度，即规定质量的羽绒样品在相同容器和恒定压力下所占体积[17]。蓬松度是检测羽绒品质的重要指标，与羽绒的保暖防寒性能息息相关。相同质量的羽绒，蓬松度越高，所占体积越大，羽绒保暖隔热层就越厚，保暖性也就越好[18]。

清洁度，又称透明度，可反映羽绒中杂质、微尘及游离有机物的含量[19]。清洁度越高，说明羽绒清洗越充分，含有的杂质、微尘等越少。我国大部分工厂羽绒清洁度的检测主要采用GB/T 10288—2016《羽绒羽毛检测方法》中的透明度计法，即将羽绒浸入蒸馏水中，经振荡将羽绒中杂质等物质分散在水中，然后用透明度计测定羽绒清洁度[20]。

残脂率是指羽绒纤维中油脂、脂肪等有机物的含量。残脂率也可以反映羽绒清洗是否充分。如果羽绒残脂率高，羽绒制品就会有异味，影响羽绒制品的质量。我国对于羽绒残脂率，是通过利用有机溶剂循环萃取羽绒，然后测定有机溶剂中溶解的脂肪含量来得到的[21]。

1.2 羽绒的加工流程

羽绒主要来自鸭和鹅，鸭和鹅的日常活动使其毛羽中附有大量的泥沙、灰沙、粪便等污物，宰杀、拨毛羽的过程，也会使鸭、鹅的毛羽沾有大量的油渍和血渍。鸭、鹅的腥味和这些污物带来的异味会严重影响毛羽的使用价值，因此必须对其进行加工处理。

一般对羽绒羽毛采用粗分、水洗、甩干、烘干、除尘、精分、拼堆，或粗分、精分、水洗、甩干、烘干、除尘、拼堆，或粗分、除尘、水洗、甩干、烘干、精分和拼堆的加工处理方式。根据产品的要求，必要时还可对羽绒进行除铁操作。从鸭、鹅身上拔下的毛羽经过这些工序的处理后，即可达到一种洁白、无味、光亮、轻盈、有弹性的状态。具体过程如下[22]。

1）分毛

分毛是羽绒羽毛加工的第一步。通过机械分毛作用可以将废料分出，并从原料毛中分离出具有加工价值的羽绒羽毛，进一步还可以分离出不同含绒量的羽绒，提高羽绒羽毛的后续加工效率。

分毛工序采用分毛机完成。由于毛羽中毛梗废料、羽毛、羽绒、羽丝和绒丝的重量不同，在相同风力作用下，不同成分在分毛机的垂直分离风道内的悬浮速度和分布高度各不相同。可以通过收集不同高度上的羽绒羽毛来完成分毛工序。其中，羽绒的高度越高其含绒量越高。

分毛机按其厢体数可分为单厢分毛机、三厢分毛机、四厢分毛机、五厢分毛机和七厢分毛机，工厂中常用三厢分毛机、四厢分毛机和五厢分毛机。分毛分为粗分和精分。粗分适用于原料毛的分离，精分适用于提分含绒量高的羽绒。通过三厢分毛机可以将原料毛分为废毛料、毛片和羽绒。通过五厢分毛机可以将原料毛分为废毛料、长毛片、毛片、低分羽绒、羽绒。三厢分毛机分毛速度较快，但是分离效果欠佳，对原料毛分离的毛片长短不一，羽绒含绒量低。五厢分毛机可以将原料毛分得更精细一些，减少二次分毛。二次分毛可以在羽绒水洗前进行，也可以在羽绒水洗后进行。

分毛机对原料毛或羽绒组分分离得越精细越好，提分的羽绒含绒量越高越好。影响分毛效果的主要因素有分毛机种类、原料毛状态、羽绒品质、人为因素等。

2）水洗

分毛后的羽绒羽毛需要进行水洗，水洗由焖洗和漂洗两道步骤完成。水洗是羽绒羽毛加工的关键技术，可以使羽绒的状态发生“质变”，使其具有使用价值。水洗工序对后续羽绒的残脂率、清洁度、耗氧量等指标都有很大影响。

水洗工序的流程主要为：一定量的羽绒通过加毛间进入水洗机内，在水洗的机械搅拌作用下，对羽绒羽毛进行焖洗和多次漂洗；水洗结束后将毛放入甩干机中，进行下一步操作。水洗工序中除了采用洗涤剂进行焖洗外，也可以进行除臭、漂白等操作。水洗效果受焖洗时间、漂洗次数、化料性能及原料毛等因素的影响。

3）甩干

甩干是烘干羽绒前的一道必经工序。羽绒经水洗后放入甩干机内进行甩干操作。甩干机的转速分为低速和高速，在甩干机低速时放入羽绒羽毛，可避免羽绒羽毛飞出甩干机体。高速甩干后，羽绒可达到脱去水分的潮湿状态。

在羽绒羽毛甩干的过程中，也可对羽绒羽毛进行除臭、漂白等其他处理。

目前市场上也有对水洗机进行改进的装置，将水洗机和甩干机合成一体，更加方便实际应用。

4）烘干

分毛后的羽绒羽毛经水洗、甩干、烘干后即可达到基本的加工要求。烘干后的羽绒羽毛一方面达到了质检的水分要求，另一方面高温烘干也具有杀菌、除臭作用。烘干机的温度通过机内的管道蒸汽提供，温度的高低则通过蒸汽压力调节，一般采用120℃左右的高温短时间完成烘干。

5）除尘

羽绒羽毛上附有灰尘、皮屑等污染物，这些细微杂质统称为羽绒羽毛的粉尘。粉尘会影响羽绒的使用价值，降低羽绒羽毛的卫生性能，粉尘含量过高也会增加人体患病的可能性。

除尘机可降低羽绒羽毛的粉尘含量。除尘机主要由筛板、搅拌杆组成。对加入除尘机内的羽绒羽毛进行机械搅拌和鼓风处理，羽绒羽毛上的粉尘会随之浮起，并通过除尘机出风口进入粉尘袋内。羽绒羽毛上另一部分的粉尘则可以通过筛板分离出来。

6）拼堆

拼堆的主要目的是让羽绒羽毛达到出厂产品要求。在拼堆之前需检验水洗羽绒的组分，根据羽绒的组分含量，按一定比例混合不同组分的水洗羽绒使其满足最终出厂产品的要求。

拼堆机原理及结构简单，主要由加料口、搅拌装置和出料打包口组成。一般加料口有两个或两个以上。主要通过加料口的风力将需拼堆羽绒加入拼堆机内，通过拼堆机内的搅拌杆使不同组分的水洗羽绒混合均匀，拼堆完毕后打包羽绒即可。拼堆在室温下即可进行，拼堆的搅拌过程一般需6～7min。

1.3　羽绒检测指标及方法

羽绒的检测项目主要有蓬松度、残脂率、清洁度、耗氧指数、水分、白度、粉尘等。最常检测的项目是蓬松度、清洁度及残脂率，通过检测能够清晰反映出水洗羽绒的品质好坏。

1）蓬松度的测定

蓬松度是羽绒质量检测的重要项目。蓬松度不仅反映羽绒弹性，也与羽绒保暖性能密不可分。各国蓬松度检测标准、方法不同，我国的检测方法为GB/T 10288—2016《羽绒羽毛检测方法》[23]。

该方法的主要步骤为：称取28.4g羽绒放入蓬松仪内；用玻璃棒搅拌均匀后，轻轻盖上压板，使压板慢慢下落；静止1min后，读取桶壁两侧的数值；重复测试3次，结果取平均值，得出此样品的蓬松度。

2）清洁度的测定

清洁度又称为透明度、浊度，反映了水洗羽绒中所含灰尘、有机物的量。

清洁度的检测方法比较多，如玻璃管浊度法、自动浊度计等。玻璃管浊度法是将滤液倒入特制的玻璃管内，观察玻璃管底部双黑十字线的清晰程度，通过滤液的高度获得其清洁度；自动浊度计是依据浑浊液对光进行散射或透射的原理制成的测定水体浊度的自动化仪器，通过测定透射光强、散射光强和入射光强或透射光强与散射光强的比值来测定水样的浊度[24]。

3）残脂率的测定

残脂率是指水洗后单位质量的羽绒内含有的脂肪和其他油脂的质量。羽绒的残脂率对羽绒的清洁度、蓬松度及羽绒的储存都有很大影响。常用的测定方法是化学萃取法，主要采用索式萃取法，以无水乙醚为萃取剂，萃取5h，经过称量计算后获得残脂率[25]。

1.4　国内外羽绒市场发展现状

1）羽绒市场前景

我国是世界上最大的羽绒制品生产、加工、出口国。我国羽绒及其制品的出口贸易量占市场份额的70%以上，在国际羽绒市场上举足轻重[26]。在寒冷、漫长的冬季，羽绒被服以其优异的防寒保暖、蓬松柔软、轻盈舒适等特点，受到越来越多消费者的喜爱，逐渐取代其他保暖被服在冬季家居及服装市场上的地位[27]。羽绒制品包括羽绒服装、羽绒被褥、羽绒靠垫、羽绒睡袋等，在欧洲、北美以及日韩地区很受欢迎。在发达国家的星级酒店，羽绒寝具的普及率已经超过了80%。目前，国内羽绒寝具市场还很有限，但是随着我国经济的快速增长，以及人们对羽绒寝具优良性能的了解，羽绒寝具在我国市场的推广必将前景广阔[28]。

2）羽绒工业目前存在的问题

在羽绒市场蓬勃发展的时期，国内许多厂家觉察到羽绒产业丰厚的利润，纷纷自制设备，建立作坊，土法上马，进行羽绒及其制品的加工生产。然而，这种盲目开展的生产极易造成产能过剩，同时存在着生产技术水平低劣、产品结构层次不合理、产品质量差、产销率低、环境负担重、经济效益差等诸多问题[29]。

我国羽绒工业存在的问题主要有以下几点：首先，欧盟、美国等发达地区和国家近年来对羽绒制品的质量要求越来越严苛，越来越多的标准正在阻碍我国羽绒及其制品的出口[30]；其次，国内家禽养殖业饲养环境卫生差，微生物、细菌大量繁殖，给羽毛加工产业带来极大的影响[26]；再次，羽绒生产加工过程会造成大量的废水排放，对河道地下水和周边农田造成一定污染，而且大多数羽绒生产企业缺乏系统的废水处理和回收利用能力，与我国环保政策相违背[31]；最后，羽绒加工过程中会产生大量粉尘，对工人的身体以及周围空气环境有一定危害。以上所述问题，均会影响羽绒工业的发展。

第2章　羽绒脱脂技术

表面活性剂是在极低浓度下，能显著降低溶剂的表面张力或液-液界面张力，并表现出润湿、乳化或破乳、起泡或消泡、增溶等一系列性能的一类物质。表面活性剂的应用历史悠久。在1世纪末，人们就开始用草灰、木炭和动物脂肪制作肥皂。19世纪前叶，一些人通过对蓖麻油进行硫酸盐处理来制造磺化蓖麻油，并将其用于纺织和皮革工业。1917年，德国首次人工合成了表面活性剂二异丙基萘磺酸钠。20世纪20年代末，烷基硫酸钠和阳离子表面活性剂出现。20世纪40年代初，人们成功制备了以山梨醇和脂肪酸为原料的非离子表面活性剂斯盘（Span）和吐温（Tween）。表面活性剂是20世纪50年代以来随着石化工业的快速发展而出现的一种新型化工产品，是精细化工的重要分支产品。它的应用几乎覆盖了生活的各个领域，从日化工业到石油、食品、农业、卫生、环境等。在改进工艺、降低消耗、节约资源、减少劳动力及增产增效方面发挥了很大的作用，取得了良好的经济效益。

随着经济和技术的发展，表面活性剂得到了迅速的发展，同时也对表面活性剂的高表面活性、生物降解性等性能提出了更高的要求。传统的表面活性剂大多是单疏水链的两亲分子，由于疏水链之间的缔合与水化膜的分离，以及离子基团之间的电荷排斥，分子不能在界面或胶束上紧密排列，故传统表面活性剂不能显著降低溶剂的表面张力。因此，要发展高效表面活性剂，就必须改善传统表面活性剂的分子结构。随着对表面活性剂研究的深入，涌现了许多特殊、高性能的表面活性剂，如有机硅表面活性剂、有机氟表面活性剂、聚合物表面活性剂和生物表面活性剂等。

20世纪80年代后，高效表面活性剂的研究取得了一定进展。其中最具代表性的是超支化聚合物表面活性剂。超支化聚合物表面活性剂[32]具有丰富的末端官能团，其中大部分为—OH、—COOH等亲水性基团。同时，不同于传统线性表面活性剂，超支化聚合物表面活性剂有一个亲水的核和大量的线性疏水臂，分子尺寸更大，在适当的条件下可以形成单分子胶束，还可以形成多分子复合胶束、囊泡、大复合囊泡和其他分子聚集体。多分子复合胶束往往可以组装成不同亲/疏水性的胶束，因此具有很强的乳化能力。另外，可以根据使用要求对超支化聚合物丰富的端基官能团进行修饰，这使得超支化聚合物表面活性剂比传统表面活性剂更具多样化与功能化。超支化聚合物表面活性剂在油田破乳、药物释放、染料和纳米分子分散等许多领域有很大的应用前景，受到国内外科研人员的重视。

2.1　表面活性剂的分类及性能

表面活性剂分子一般由一个非极性亲油基团和一个极性亲水基团组成，它们分布在表面活性剂分子的两端，形成对称的结构。因此，表面活性剂分子是一种两亲分子，具有亲油和亲水的“两亲性”。典型表面活性剂的两亲结构如图 2.1 所示。图 2.1（a）、（b）所示的两种表面活性剂的亲油基团都是十二烷基，而亲水性基团是不同的，一个是硫酸根阴离子（$—SO_4^-$），另一个是$—(OC_2H_4)_6OH$。这种两亲结构使得分子具有一部分溶于水而另一部分脱离水的双重性质。因此，这类“两亲性”分子在水介质中会采取一种独特的取向排列。这种情况发生在表面活性剂溶液体系中，它表现出两个重要的基本性质，即溶液表面的吸附和溶液内部胶束的形成。

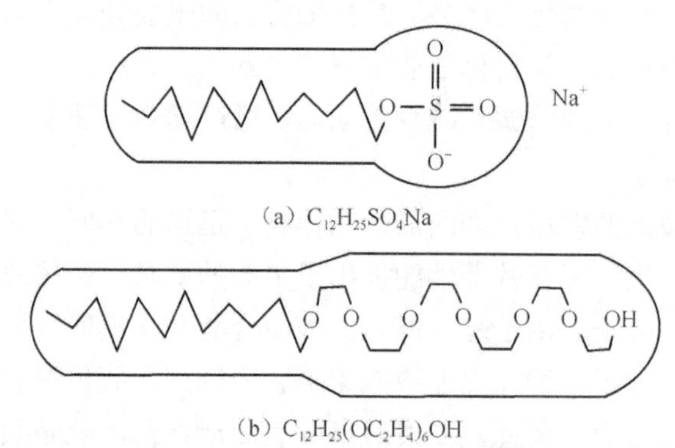

图 2.1　表面活性剂“两亲分子”结构示意图

简而言之，表面活性剂分子具有亲水亲油的“两亲”结构，其形状类似“火柴棒”。

在纯水中，水分子通过氢键形成一定的结构。当表面活性剂溶解在水中时，水中的一些氢键结构会发生重排，表面活性剂中的亲油基团会被这些新形成的结构包围，形成所谓的“冰山结构”。在这个系统中，如果出现亲油基团相互聚合、结合的现象，“冰山结构”就会被破坏。这种过程是熵增加的过程，系统由相对有序变为相对无序，容易发生所谓的“疏水效应”或“疏水作用”（自发过程）。疏水的含义是指在水中，非极性基团本身相互关联，表现出脱离水介质的热力学现象。

具有非极性疏水作用的表面活性剂分子往往会产生脱离水分子包围的趋势，

彼此很容易互相聚集，靠近在一起，使表面活性剂分子吸附表面的水溶液和关联到胶束溶液中（图 2.2）。因此，可以说表面活性剂分子中非极性基团的疏水作用导致了表面活性剂在表面的吸附，在溶液中形成胶束。

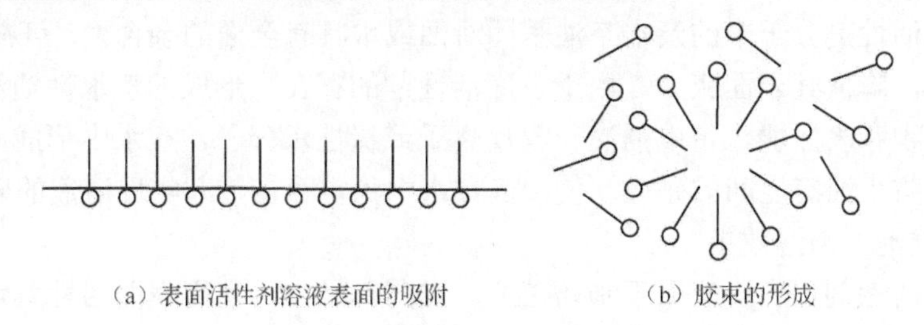

（a）表面活性剂溶液表面的吸附　（b）胶束的形成

图 2.2　表面活性剂溶液表面的吸附和胶束的形成

2.1.1　表面活性剂的分类

根据具体要求和应用，表面活性剂有时需要具有不同的亲水性和亲油性结构，或不同的相对密度。通过改变亲水性或亲油性基团的类型以及它们在分子结构中的含量和位置，可以达到理想的亲水性平衡。经过多年的研究，已经衍生出许多种类的表面活性剂，因此，有必要对表面活性剂进行科学分类。

表面活性剂有很多种分类方法。按疏水基团，分为线型、支链型、芳香族和含氟长链型；按亲水性基团种类，可分为羧酸盐型、硫酸盐型、季铵盐型、PEO 衍生物型、内酯型等；按分子组成的离子性，分为离子型、非离子型等。也可以根据其水溶性、化学结构和原料来源进行分类。

人们普遍认为按照它的化学结构来进行分类更为合适。也就是说，当表面活性剂溶解在水中时，根据它们是否产生离子，可分为离子表面活性剂和非离子表面活性剂。离子表面活性剂根据水中离子的性质又可分为阴离子表面活性剂、阳离子表面活性剂和两性表面活性剂。

2.1.2　表面活性剂的性能

由于特殊的结构，表面活性剂可以实现许多特殊的性能。例如，表面活性剂一般具有润湿或防粘、乳化或破乳、发泡或消泡、增溶、分散、洗涤、防腐、抗静电等一系列物理化学作用及相应的实际应用性能。因此，表面活性剂已成为一种灵活多变的精细化工产品，其应用几乎可以覆盖所有的精细化工领域。

1）润湿效果

表面活性剂的使用可以控制液体和固体之间的润湿程度。在农药工业中，一些用于喷洒的颗粒和粉末也含有一定量的表面活性剂，目的是改善药物在农作物表面的黏附和沉积现象，降低释放速度和扩大面积，提高防病效果。

在化妆品行业，表面活性剂作为乳化剂，是乳霜、乳液、洁面乳、卸妆品等护肤产品中不可缺少的成分。

2）乳化作用

表面活性剂分子中的亲水亲油基团对油或水具有全面的亲合力，可在油/水界面形成膜，降低其表面张力。由于表面活性剂的存在，形成的疏水性油滴可增加膜的表面积和表面能，带电油滴吸收反离子或极性水分子，在水中形成胶体双电层，从而防止油滴之间的碰撞，使油滴在水中稳定存在，即实现溶液的乳化。

3）发泡、消泡效果

表面活性剂也广泛应用于制药工业。在药剂品中，使用表面活性剂可使一些挥发油溶性纤维素、类固醇激素和不溶性药物形成透明溶液，并通过增溶作用提高浓度。表面活性剂是药剂制备过程中不可缺少的乳化剂、润湿剂、悬浮剂、发泡剂和消泡剂。

4）助悬效果

在农药工业中，可湿性粉剂、乳化剂和浓缩乳剂都需要一定量的表面活性剂。例如，可湿性粉剂中的原始药物大多是有机化合物，是疏水性的，只有在表面活性剂存在的情况下，水的表面才能被还原。在张力下，药物颗粒可被水润湿，形成悬浮液。

5）消毒灭菌

表面活性剂在制药工业中可作为杀菌剂和消毒剂。表面活性剂通过与细菌生物膜蛋白的强烈相互作用而变性或失去功能。这些消毒剂在水中的溶解度较大，可用于术前皮肤消毒、伤口或黏膜消毒、器械消毒、环境消毒等。

6）耐硬水性

甜菜碱表面活性剂对钙、镁离子表现出很好的稳定性，即其自身拥有对钙、镁硬离子的耐性和对钙皂的分散性，可以防止钙皂在使用过程中沉淀，从而提高使用效果。

7）黏度和泡沫增加

表面活性剂具有改变溶液体系、增加体系黏度和增稠或增加体系泡沫的作用。广泛应用于一些特殊的清洗行业和采矿行业。

8）洗涤功能

油脂和污垢的去除是一个比较复杂的过程，这与上述的润湿发泡效果有关。

最后，需要指出的是，表面活性剂的作用在许多情况下是多种因素的综合作用结果。例如，在造纸工业中，表面活性剂可作为蒸煮剂、废纸脱墨剂、施胶剂、树脂阻隔剂、消泡剂、软化剂、抗静电剂、阻垢剂、软化剂、脱脂剂、杀菌灭藻类剂、缓蚀剂等。

表面活性剂作为性能添加剂用于许多化学品的制备，如个人和家庭护理化学品，并在无数的工业相关行业中有所应用，如金属加工试剂、工业清洗试剂、油脂提取剂、杀虫剂等。

2.2　常用表面活性剂及其在羽毛脱脂中的应用

2.2.1　常用的表面活性剂

1. 阴离子表面活性剂

1）十二烷基苯磺酸钠

物化指标：外观为白色或淡黄色粉末。

亲水亲油平衡值：10.638。

临界胶束浓度值：$1.2\text{mmol}\cdot\text{L}^{-1}$。

性能特点：简称 SDBS、LAS，易溶于水，易吸潮结块，使用范围广泛，成本低廉，脱脂能力强，泡沫丰富，不易被氧化，安全性能高，可以与各种助剂有良好的复配性能。但也有缺点：一是耐硬水力差，二是脱脂力太强，对手部皮肤有刺激性。十二烷基苯磺酸钠有支链结构（ABS）和直链结构（LAS）两种，直链结构生物降解性好。

2）脂肪酸甲酯乙氧基化物磺酸盐

物化指标：深黄色透明液体。

pH：6～7。

亲水亲油平衡值：12.3。

性能特点：简称 FMES，易溶于水，在冷水中搅拌易溶，安全无毒。为阴/非两性表面活性剂，既有阴离子表面活性剂的性质，又有非离子表面活性剂的性质，因此它不仅有良好的耐碱耐高温性，还有良好的乳化能力。水溶性、洗涤及渗透性能优异，适用于工业洗涤。它的耐硬水能力较好，更易消泡。但脱脂力强，对手部皮肤有一定的刺激性；不宜生物降解，环保性不好。

3）脂肪酸甲酯磺酸盐

物化指标：外观是白色晶体粉末。

性能特点：简称 MES，去污力高，达到相同的去污力，MES 的用量仅为 SDBS 用量的 30%；抗硬水能力强，在硬水和无磷的条件下，MES 的去污力远高于 SDBS；具有良好的生物降解性，主要是因为其原料为天然的动植物油脂等生物质材料。

4）脂肪醇聚氧乙烯醚硫酸钠

物化指标：外观为无色、白色或浅黄色黏稠液体物体。

pH（1%水溶液）：7.5～10.5（注：百分含量除特别说明外均为质量分数）。

性能特点：简称 AES，又称乙氧基化烷基硫酸钠、脂肪醇醚硫酸钠。通常情况下，将 AES 稀释到含有 30%或 60%的溶液时，就会出现凝胶状态，为了避免凝胶的形成，通常是将 AES 加到定量的水中。生物降解性大于 90%，在水中的溶解性很高，而且其抗硬水力、发泡性能、去污力及乳化性都很好，还是一种温和洗涤剂，不会伤皮肤。

5）十六烷基二苯醚二磺酸盐

物化指标：白色或微黄色粉末或颗粒，无味，无毒。

性能特点：溶于水，在电解质溶液中的溶解性更好；有优异的分散能力，在强酸强碱溶液稳定性很好；具有良好的抗硬水性能；热稳定性和吸附力也较好。但对皮肤有小的刺激。

6）α-烯基磺酸钠

物化指标：无色透明的液体。

性能特点：简称 AOS，综合性能优异。具有优良的表面活性，在一定浓度范围内，AOS 能将水的表面张力从 $72mN \cdot m^{-1}$ 降至 $30 \sim 40mN \cdot m^{-1}$；溶解性良好，润湿性和起泡性较好；抗硬水性好，在硬水中去污力不降低；生物降解性也很好。但去污力略小于 AES。

2. 非离子表面活性剂

1）脂肪酸甲酯乙氧基化物

物化指标：黄色或黄褐色的透明液体。

pH：6～7。

亲水亲油平衡值：14.5～15.5。

性能特点：简称 FMEE，是脂肪酸甲酯与环氧乙烷的缩合物，在低温时仍然具有流动性，冬天使用更加方便；具有低泡性；浊点很高，使用的温度范围广；分散性能一流，好于 AEO，可以防止污垢再次聚集；FMEE 的结构与油脂类似，因此具有良好的脱脂力。

2）烷基糖苷

物化指标：无色或淡黄色黏稠液体。

pH（10%水溶液）：11.5～12.5。

亲水亲油平衡值：14 左右。

性能特点：简称 APG，溶于水，易溶于有机溶剂；在酸碱溶液中也具有良好稳定性和表面活性；泡沫细腻且丰富，去污力很好；可以与其他表面活性剂复配使用，并有增效作用。由可以再生的植物原料制成，因此其生物降解性良好，对皮肤无刺激性，而且无毒无害。是一种绿色、温和、无毒的非离子表面活性剂。

3）异构脂肪醇聚氧乙烯醚 1306

物化指标：液体状。

pH（5%水溶液）：7。

亲水亲油平衡值：11。

性能特点：有低的泡沫性且易溶于水；有良好的分散性；有优良的乳化及渗透性，因此常用来做脱脂剂。由于其不含苯环，将会成为新一代环保产品。

4）异构脂肪醇聚氧乙烯醚 1309

物化指标：外表是液体状的。

pH（5%水溶液）：7。

性能特点：将其配成 80%左右的液体时，会呈现均匀的流体状，使用更加方便。泡沫丰富，有良好的分散、乳化及渗透性，因此常用来做脱脂剂。由于其不含苯环，将会成为新一代环保产品。

5）脂肪醇聚氧乙烯醚 AEO-7

物化指标：无色或淡黄色液体。

pH（1%水溶液）：5～7。

亲水亲油平衡值：12。

浊点：40～50℃。

性能特点：易溶于水；发泡性能良好；乳化力和去污力极好，有较强的脱脂能力，在毛纺织工业中通常用作脱脂剂；可配制成工业用洗涤剂；有较好的润湿性和抗硬水性。

6）脂肪醇聚氧乙烯醚 AEO-9

物化指标：无色透明液体，在 25℃以下，是白色膏体。

pH：6～7。

亲水亲油平衡值：12.5。

性能特点：天然脂肪醇与环氧乙烷的加成物。具有良好的溶解性，不仅溶于水，还溶于有机溶剂如乙醇、乙二醇等，高于 25℃时在水中会溶解；具有良好的乳化性，可制作成水包油型的乳化剂；与其他表面活性剂配合使用具有增效作用；生物降解性好，属于环境友好型表面活性剂；洗涤去污力以及润湿、乳化、渗透性能良好，广泛用作民用或工业洗涤剂。

7）椰子油脂肪酸二乙醇酰胺 6501

物化指标：淡黄色或琥珀色黏稠液体，无浊点。

性能特点：易溶于水，但在水中会形成雾状不透明液体，只要搅拌就能恢复透明状；能与多种不同表面活性剂复配使用，因其在某个浓度时可溶解于不同类型表面活性剂，故可以起到增效作用；具有良好的发泡性和稳泡性，去污、抗硬水、渗透力较佳，可用作助泡剂、稳泡剂等，主要还是用于洗涤剂。

3. 两性表面活性剂

1）十二烷基二甲基胺乙内酯

物化指标：透明色的液体。

性能特点：简称BS-12，一种稳定性很好的表面活性剂，不仅耐酸碱和硬水，而且对次氯酸钠很稳定；是一种绿色温和的表面活性剂，对皮肤的刺激性极小，生物降解性也较佳；因为其独特的两性性能，可以和其他表面活性剂进行搭配使用；有抗静电性，因此也用来做抗静电剂；有柔软性，用来做衣物柔顺剂等。

2）丙二醇嵌段聚醚

物化指标：无色或浅黄色透明液体。

pH（2%的水溶液）：6.5～7.5。

性能特点：简称L-64，具有良好的低泡沫性，因此会被用来做低泡沫洗涤剂和消泡剂；毒性很小，是一种无毒环保的表面活性剂，会用在洗发露中；具有优良的乳化分散作用，被用于制作分散剂和乳化剂。

2.2.2 试验羽绒洗涤工艺

根据文献和工厂实际工艺确定出了试验羽绒（龙氏分毛后鸭毛原毛，含绒量：86.5%）洗涤工艺，见表2.1[33]。

表2.1 羽绒洗涤工艺

操作步骤	化料/g	温度/℃	时间/min
水洗	水2000	55	
	表面活性剂4.0		20
漂洗			30
甩干			10
烘干		80	10
冷却除尘			10
打包			

注：鸭毛原毛的质量为60g，水和表面活性剂的用量以鸭毛原毛质量计。

1）水洗

试验用的是含绒量86.5%的龙氏（商品名）分毛后的鸭毛原毛，用电子天平称取60g原毛，将其转移到3L锥形瓶中，然后称取4g表面活性剂和2L的水，水温为55℃，将表面活性剂和水倒入锥形瓶中，盖紧橡胶塞，摇动，使水、表面活性剂、羽绒混合均匀。之后将锥形瓶放到已调温到55℃的水浴恒温振荡器中，中速振荡20min。

2）漂洗

振荡结束后，对羽绒进行漂洗，将羽绒放在筛网中，使用流水漂洗，漂洗一次耗时 3min，共漂洗 10 次，每一次漂洗结束后将多余水分挤出，然后进行下一次漂洗。

3）甩干

漂洗完成后，用薄纱布包住，并挤掉多余水分。这样经过甩干后，羽绒水分含量更少，更易烘干，烘干后蓬松度也更高。将挤好水的羽绒放入小型甩干机，甩干 10min 即可。

4）烘干

甩干完成后，将毛从甩干机中拿出，通过烘干喂毛将毛送入小型烘干机中。喂毛时尽量将毛一点点喂进去，这样毛里面才会被完全烘干。5min 后要吹一下毛，使毛完全分开，确保完全烘干。

5）冷却除尘

烘干结束后，打开除尘机按钮，毛便自动从烘干机进入除尘机。可以从烘干机正面吹一下，使毛进入除尘机。冷却除尘需要 10min。

6）打包

除尘时，在出毛口绑好袋子。冷却除尘 10min 结束后，打开出毛按钮，毛可自动进入提前绑好的袋子里。打包可将一次试验的毛收集起来，以便保存。

2.2.3 常用表面活性剂对羽绒性能的影响

1. 表面活性剂对羽绒蓬松度的影响

羽绒的蓬松度与其保暖性有直接关系，蓬松度越好，保暖性能越好。羽绒蓬松度除了受羽绒本身特性的影响，还受水洗的影响，而水洗效果主要受其中表面活性剂的影响[34]。

1）阴离子表面活性剂对羽绒蓬松度的影响

选用相同工艺，相同设备，以不加表面活性剂的水洗羽绒作对比，不同阴离子表面活性剂对羽绒蓬松度的影响见表 2.2。

表 2.2 不同阴离子表面活性剂对羽绒蓬松度的影响

阴离子表面活性剂	蓬松度/cm^3	提高率/%
对比样（AA）	630	
十二烷基苯磺酸钠（LAS）	625.8	−0.67
FMES	647.5	2.78
MES	640	1.59

续表

阴离子表面活性剂	蓬松度/cm^3	提高率/%
AES（70%）	633.3	0.52
十六烷基二苯醚二磺酸盐（C16-MADS）	644.2	2.25
AOS	645	2.38

注：试验样品为龙氏分毛后鸭毛原毛，含绒量 86.5%。表 2.2～表 2.11 同。

从表 2.2 可知，在阴离子表面活性剂中，FMES、十六烷基二苯醚二磺酸盐、AOS 和 MES 水洗羽绒后对羽绒蓬松度的改善有一定作用，但效果并不明显，只有 2%左右，羽绒并不能得到较好的蓬松度；AES 水洗羽绒后对羽绒蓬松度的改善作用相对更差；用 LAS 水洗羽绒后，羽绒蓬松度不但没有提高，反而还有下降趋势，可能是十二烷基苯磺酸钠溶于水呈碱性，对羽绒有一定的损伤，造成蓬松度有所下降。

综上所述，阴离子表面活性剂对羽绒蓬松度的改善作用并不明显。

2）非离子表面活性剂对羽绒蓬松度的影响

选用相同工艺，相同设备，以不加表面活性剂的水洗羽绒作对比，不同非离子表面活性剂对羽绒蓬松度的影响见表 2.3。

表 2.3　不同非离子表面活性剂对羽绒蓬松度的影响

非离子表面活性剂	蓬松度/cm^3	提高率/%
对比样（AA）	630	
FMEE	645	2.38
APG	659.2	4.63
1306	661.7	5.03
1309	677.5	7.54
AEO-7	660	4.72
AEO-9	645.8	2.51
6501	645.8	2.51

从表 2.3 可知，在非离子表面活性剂中，1309 对羽绒蓬松度的提高幅度最大，达到 7.54%；1306 对蓬松度的提高超过 5%；APG 和 AEO-7 使羽绒的蓬松度提高了 4%左右；FMEE、AEO-9 及 6501 对羽绒蓬松度的提高幅度不大，仅 2%左右。

综上所述，使用非离子表面活性剂水洗羽绒后，羽绒的蓬松度都得到了一定提高。

3）两性表面活性剂对羽绒蓬松度的影响

选用相同工艺，相同设备，以不加表面活性剂的水洗羽绒作对比，不同两性表面活性剂对羽绒蓬松度的影响见表 2.4。

表 2.4　不同两性表面活性剂对羽绒蓬松度的影响

两性表面活性剂	蓬松度/cm^3	提高率/%
对比样	630	
BS-12	653.3	3.70
L64	637.5	1.19

从表 2.4 中可得出两种两性表面活性剂水洗羽绒后对羽绒蓬松度的影响。BS-12 使羽绒蓬松度提高了 3.70%，L64 提高了 1.19%。两性表面活性剂对羽绒蓬松度的改善优于阴离子表面活性剂，不如非离子表面活性剂。

不同类型表面活性剂对羽绒蓬松度的影响见图 2.3。以未脱脂的原毛（AA）作为对比样，通过图可直观看出在三种类型的表面活性剂中，非离子表面活性剂对羽绒蓬松度有最佳的作用。这是因为非离子表面活性剂具有很强的去污能力，它可以将羽绒中的油脂、脏物洗涤干净。当羽绒干净时，它的绒枝、绒小枝得以更好地舒展，而蓬松度是羽绒各组分的离散程度的表征，所以羽绒各个组分越是伸展，它的蓬松度也就越好。两性表面活性剂对提升羽绒蓬松度也有较好的作用。两性表面活性剂具有阴离子和阳离子两种基团，阴离子性能使其具有较好的洗涤效果，羽绒变得干净，各个组分也会得以伸展，而阳离子使其具有良好的杀菌、抗静电等性能。与其他两种表面活性剂相比，阳离子表面活性剂在羽绒蓬松度方面的性能提升不那么显著，但也有一定作用，和其他两种表面活性剂相比，其优点在于性价比更高等。

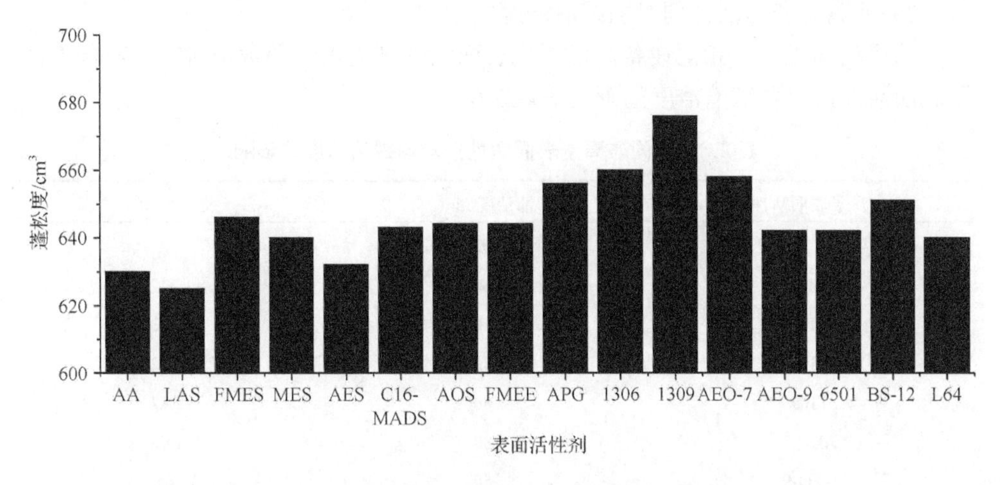

图 2.3　不同类型表面活性剂对羽绒蓬松度影响

2. 表面活性剂对羽绒清洁度的影响

1）阴离子表面活性剂对羽绒清洁度的影响

选用相同工艺，相同设备，以不加表面活性剂的水洗羽绒作对比，不同阴离子表面活性剂对羽绒清洁度的影响见表 2.5。

表 2.5　不同阴离子表面活性剂对羽绒清洁度的影响

阴离子表面活性剂	清洁度/mm	提高率/%
对比样（AA）	462	
十二烷基苯磺酸钠（LAS）	560	21.21
FMES	980	112.12
MES	720	55.84
AES（70%）	880	90.48
十六烷基二苯醚二磺酸盐（C16-MADS）	600	29.87
AOS	410	−11.25

通过表 2.5 的数据可以看出，阴离子表面活性剂 FMES 水洗后羽绒的清洁度高达 980mm，清洁度提高了 112.12%，AES 水洗后羽绒的清洁度也达到了 880mm，提高了 90%左右，MES 水洗后羽绒的清洁度提高了 55.84%，十二烷基苯磺酸钠和十六烷基二苯醚二磺酸盐水洗后羽绒的清洁度也提高了 20%左右，但 AOS 水洗后羽绒的清洁度只有 410mm，相对空白样清洁度有所下降。总之，除了 AOS 外，其他阴离子表面活性剂对羽绒的清洁度都有所提高，但 FMES 和 AES 的提高幅度达到了 100%上下，说明其清洁效果比较好。

2）非离子表面活性剂对羽绒清洁度的影响

选用相同工艺，相同设备，以不加表面活性剂的水洗羽绒作对比，不同非离子表面活性剂对羽绒清洁度的影响见表 2.6。

表 2.6　不同非离子表面活性剂对羽绒清洁度的影响

非离子表面活性剂	清洁度/mm	提高率/%
对比样（AA）	462	
FMEE	980	112.12
APG	950	105.63
1306	980	112.12
1309	980	112.12
AEO-7	980	112.12
AEO-9	550	19.05
6501	770	66.67

从表 2.6 可以看出，非离子表面活性剂中的 FMEE、1306、1309 和 AEO-7 水洗羽绒后，羽绒的清洁度都达到 980mm，提高了 112.12%；APG 水洗羽绒后羽绒的清洁度也很高，达到 950mm，提高了 105.63%；6501 水洗羽绒后羽绒的清洁度居中，提高率仅为 66.67%。水洗后羽绒清洁度最小的是 AEO-9，只提高了 19%左右。但是综合来看，非离子表面活性剂水洗后羽绒的清洁度都较高，说明非离子表面活性剂的清洁能力都较强。

3）两性表面活性剂对羽绒清洁度的影响

选用相同工艺，相同设备，以不加表面活性剂的水洗羽绒作对比，不同两性表面活性剂对羽绒清洁度的影响见表 2.7。

表 2.7　不同两性表面活性剂对羽绒清洁度的影响

两性表面活性剂	清洁度/mm	提高率/%
对比样（AA）	462	
BS-12	710	53.68
L64	350	−24.24

通过表 2.7 得出，使用 BS-12 水洗后的羽绒清洁度较高，为 710mm，其清洁度相对于空白样提高了 53.68%。使用 L64 水洗后的羽绒清洁度不好，只有 350mm，远低于空白样。

清洁度在羽绒检测中占有重要的地位，清洁度可以反映羽绒的洗涤效果，以及羽绒中油脂、灰尘、微生物的含量。目前所使用的羽绒水洗标准指出，清洁度在 550mm 以上被视为干净。国际检测标准中要求样品的清洁度不低于 500mm，欧盟则要求清洁度不低于 300mm。

为了更加直观清晰地观察对比，不同类型表面活性剂对羽绒清洁度的影响见图 2.4。

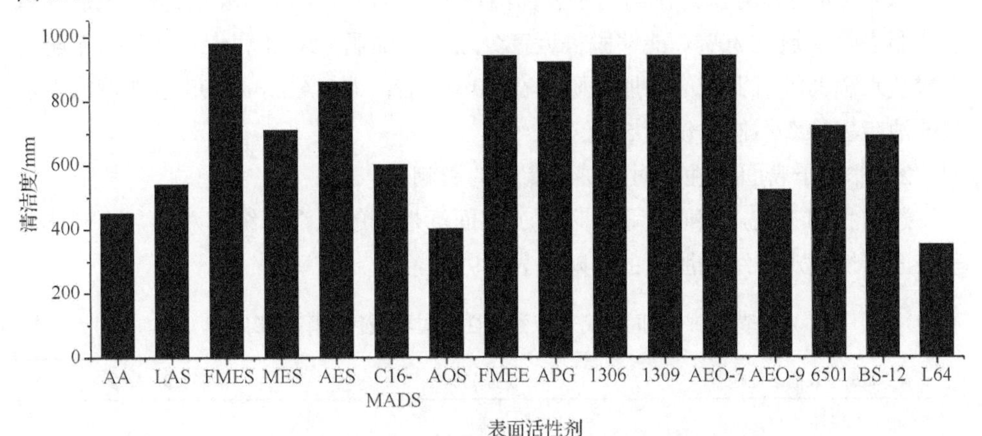

图 2.4　不同类型表面活性剂对羽绒清洁度影响

从图 2.4 中可直观看出，经非离子表面活性剂水洗后羽绒的清洁度整体都很高，大部分接近 1000mm，这与其优越的洗涤能力有很大的关系，而且它们在低浓度时也有较强的洗涤能力，可将杂物、油污等去除，因此经其水洗后的羽绒具有较高的清洁度；经阴离子表面活性剂水洗后羽绒的清洁度参差不齐，有高有低，原因是阴离子表面活性剂的洗涤能力因结构不同有所差异，使用洗涤力强的阴离子表面活性剂水洗就有高的清洁度；使用两性表面活性剂水洗后羽绒的清洁度也因活性剂结构的不同而有差距。

3. 表面活性剂对羽绒残脂率的影响

1）阴离子表面活性剂对羽绒残脂率的影响

选用相同工艺，相同设备，以不加表面活性剂的水洗羽绒作对比，不同阴离子表面活性剂对羽绒残脂率的影响见表 2.8。

表 2.8　不同阴离子表面活性剂对羽绒残脂率的影响

阴离子表面活性剂	残脂率/%	油脂去除率/%
对比样（AA）	1.81	
十二烷基苯磺酸钠（LAS）	1.72	4.97
FMES	1.25	30.94
MES	1.22	32.60
AES（70%）	1.36	24.86
十六烷基二苯醚二磺酸盐（C16-MADS）	1.46	19.34
AOS	1.69	6.63

从表 2.8 可以看出，在阴离子表面活性剂中，FMES 和 MES 水洗羽绒后羽绒的油脂去除率超过 30%，能够脱去近三分之一的油脂；AES 和十六烷基二苯醚二磺酸盐水洗羽绒后羽绒的油脂去除率在 20%左右；而 LAS 和 AOS 水洗羽绒后羽绒的油脂去除率不佳，仅为 5%左右。

2）非离子表面活性剂对羽绒残脂率的影响

选用相同工艺，相同设备，以不加表面活性剂的水洗羽绒作对比，不同非离子表面活性剂对羽绒残脂率的影响见表 2.9。

表 2.9　不同非离子表面活性剂对羽绒残脂率的影响

非离子表面活性剂	残脂率/%	油脂去除率/%
对比样（AA）	1.81	
FMEE	1.45	19.89

续表

非离子表面活性剂	残脂率/%	油脂去除率/%
APG	0.91	49.72
1306	0.97	46.41
1309	1.37	24.31
AEO-7	0.95	47.51
AEO-9	1.33	26.51
6501	0.83	54.14

通过表 2.9 可知，使用非离子表面活性剂 APG、1306、AEO-7 或 6501 水洗羽绒后，羽绒的油脂去除率都为 50%左右，说明脱除了近一半的油脂；使用另外三种非离子表面活性剂 FMEE、1309 或 AEO-9 水洗羽绒后，羽绒的油脂去除率为 20%左右。由此可知，使用非离子表面活性剂水洗羽绒能有效降低羽绒的残脂率。

3）两性表面活性剂对羽绒残脂率的影响

选用相同工艺，相同设备，以不加表面活性剂的水洗羽绒作对比，不同两性表面活性剂对羽绒残脂率的影响见表 2.10。

表 2.10　不同两性表面活性剂对羽绒残脂率的影响

两性表面活性剂	残脂率/%	油脂去除率/%
对比样（AA）	1.81	
BS-12	0.95	47.51
L64	1.67	7.73

在表 2.10 可以看出，使用两性表面活性剂 BS-12 水洗羽绒，羽绒的油脂去除率接近 50%，而另一种两性表面活性剂 L64 水洗羽绒后羽绒的油脂去除率仅为 7.73%，脱脂效果较差。

残脂率会影响羽绒品质。羽绒残脂率过高时，不仅会影响它的蓬松度、清洁度，还会使其散发出异味，产生微生物、细菌等，影响羽绒的使用寿命。影响羽绒残脂率的因素主要有羽绒本身的含脂率和洗涤剂，即表面活性剂的效用。不同类型表面活性剂对羽绒脱脂的影响见图 2.5。

通过图 2.5 的对比可以看出，非离子表面活性剂的脱脂能力最强，这与其强的洗涤、去污能力有很大的关系，洗涤能力越强，可以去除的油脂就越多，羽绒残脂率就越低，油脂去除率越高；而阴离子表面活性剂和两性表面活性剂的脱脂能力差别比较大，有的水洗羽绒后对油脂的去除率很高，而有的仅能去除掉百分之几，这与其结构有很大关系。

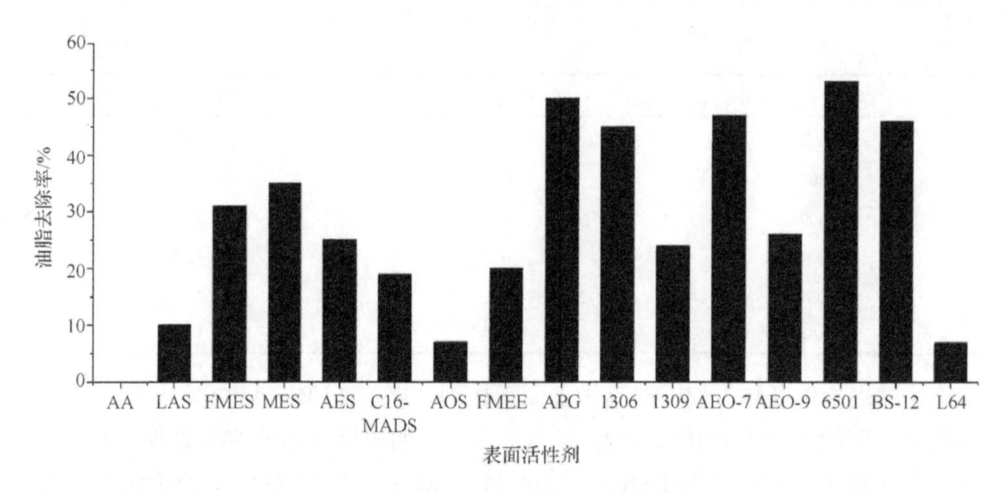

图 2.5　不同类型表面活性剂对羽绒脱脂的影响

4. 综合评价

综合对比了不同类型表面活性剂对羽绒蓬松度、清洁度、残脂率的影响，结果见表 2.11。

表 2.11　不同类型表面活性剂对羽绒蓬松度、清洁度的提高率以及油脂去除率

	表面活性剂	蓬松度的提高率/%	清洁度的提高率/%	油脂去除率/%
阴离子表面活性剂	十二烷基苯磺酸钠（LAS）	−0.67	21.21	4.97
	FMES	2.78	112.12	30.94
	MES	1.59	55.84	32.60
	AES	0.52	90.48	24.86
	十六烷基二苯醚二磺酸盐（C16-MADS）	2.25	29.87	19.34
	AOS	2.38	−11.25	6.63
非离子表面活性剂	FMEE	2.38	112.12	19.89
	APG	4.63	105.63	49.72
	1306	5.03	112.12	46.41
	1309	7.54	112.12	24.31
	AEO-7	4.72	112.12	47.51
	AEO-9	2.51	19.05	26.51
	6501	2.51	66.67	54.14
两性表面活性剂	BS-12	3.7	53.68	47.51
	L64	1.19	−24.24	7.73

由表 2.11 可知，每种表面活性剂性能都有其优缺点，很难发现一种表面活性

剂的各个方面性能都非常卓越。例如，1309 对羽绒蓬松度的提高率最大，达到 7.54%，对羽绒清洁度的提高率也高达 112.12%，但其油脂去除率只有 24.31%；1306、APG 和 AEO-7 这三个表面活性剂虽然综合性能不是最好的，但单项指标较高，对蓬松度的提高率在 5%左右，对清洁度的提高超过 100%，油脂去除率也在 50%左右。综合来看，这三个表面活性剂的综合性能更加优异。

经过对表 2.11 分析可知，一些表面活性剂对羽绒蓬松度、清洁度、残脂率这三个方面的作用很小，并不适用于洗涤羽绒，如十二烷基苯磺酸钠、AOS、L64 等。FMEE、AES、FMES 对羽绒蓬松度的提高作用较差，但对清洁度的提高作用较好，可以通过复配改善羽绒清洁度；6501 与 BS-12 水洗羽绒后对羽绒蓬松度与清洁度的提升作用不大，但油脂去除率在 50%左右，这两种可以通过复配改善羽绒残脂率。

2.2.4　表面活性剂洗涤后操作——机械作用

使用表面活性剂洗涤羽绒只是将羽绒表面附着的油脂及杂质去掉，而羽绒羽管中也存在一些油脂，这部分油脂通过单纯的洗涤及乳化脱脂难以去除干净。通过施加机械作用挤压羽绒可以挤出羽绒羽管中的部分油脂，之后再次洗涤羽绒，可达到更好的脱脂效果。

机械脱脂的步骤主要有：将羽绒、水和脱脂剂加入水洗机内进行水洗脱脂；将水洗脱脂后的羽绒采用机械挤压脱脂；将机械挤压脱脂后的羽绒、水和脱脂剂加入水洗机内，再次对羽绒进行水洗脱脂；将水洗脱脂后的羽绒在水中进行漂洗；将处理的羽绒甩干、烘干并冷却，得到脱脂的羽绒。水洗脱脂和机械挤压脱脂可以在白度、蓬松度、清洁度、耗氧量不受影响的情况下，有效降低羽绒的残脂率。

脱脂前、洗涤后和机械挤压洗涤后的羽绒扫描电子显微镜图如图 2.6 所示。

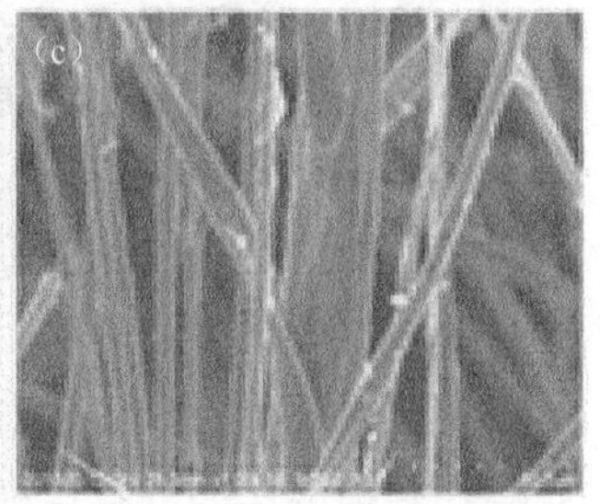

图 2.6　脱脂前羽绒（a）、洗涤后羽绒（b）和机械挤压洗涤后羽绒（c）的扫描电子显微镜图

从图 2.6 中可以看出，脱脂前羽绒中有明显的大颗粒粉尘等杂质。通过机

械挤压及洗涤不但可以将羽绒中大部分油脂去除，还可以将粉尘等杂质去除干净。与未经机械作用的羽绒相比，机械作用可提高脱脂率 20%左右，并且机械作用并未对羽绒产生损伤。因此通过机械作用可以在不损伤羽绒的前提下提高油脂去除率。

通过纤度仪检测可以看到机械挤压脱脂前后羽绒羽管里面的脂肪等物质，测试结果见图 2.7。

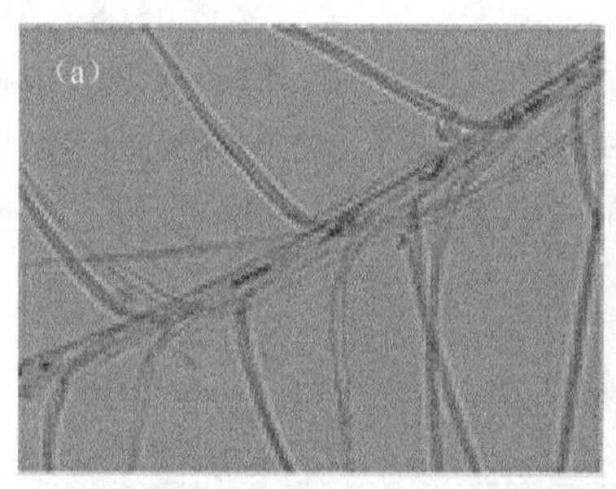

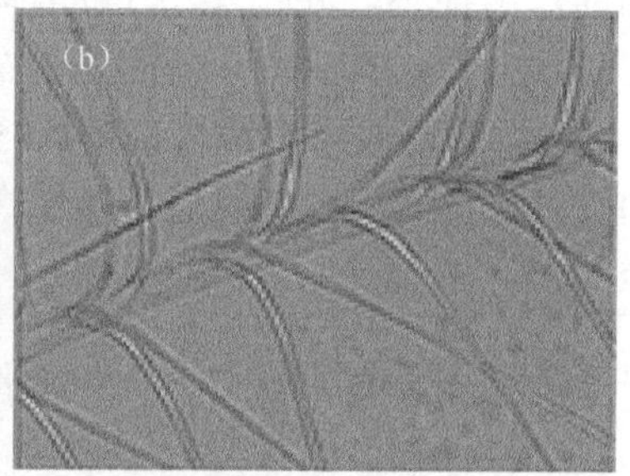

图 2.7　脱脂前的羽绒（a）和机械挤压脱脂后的羽绒（b）测试结果

从图 2.7 中可以看出，未脱脂的羽绒羽管中有黑色的物质（油脂等）；通过洗涤脱脂后，羽绒羽管中的黑色物质被除去，表明机械挤压脱脂可以很好地去除羽管中的油脂等物质，从而提高羽绒的脱脂效率。

综上，不同表面活性剂对羽绒水洗品质有较大影响。通过使用几种阴离子表面活性剂、非离子表面活性剂及两性表面活性剂对羽绒进行洗涤，再通过甩干、烘干、除尘后检测羽绒的蓬松度、清洁度、残脂率，从而确定出表面活性剂对羽绒脱脂性能的优劣。通过分析，可得到以下结论：

（1）用表面活性剂对羽绒水洗后，羽绒的蓬松度、清洁度有所提高，残脂率有所下降。1309 对羽绒蓬松度的提升效果最好，提高了 7.54%；FMES、FMEE、1306、1309、AEO-7 对羽绒清洁度的提升效果较好，都达到了 980mm，提高了 112.12%；6501 显示出了最好的羽绒脱脂效果，水洗后羽绒的油脂去除率达到 54.14%。

（2）在所选用的表面活性剂中，非离子表面活性剂对羽绒蓬松度、清洁度、残脂率的提高优于阴离子表面活性剂和两性表面活性剂。

（3）综合考虑蓬松度、清洁度、残脂率三个方面，1309、1306、APG、AEO-7 这四种表面活性剂综合性能最为优良，而十二烷基苯磺酸钠、AOS、L64 在这三个方面性能表现较差。

（4）通过机械辅助可以很好去除羽绒羽管中的油脂，从而提高羽绒的脱脂效率。

2.3　常用脱脂剂和洗涤剂

脱脂剂分子中同时具有亲水性基团和亲油性基团，可显著降低油与水之间的界面张力，产生润湿、渗透、乳化、分散、增溶等作用，使亲油的脂肪转变为亲水物质，分散于液相（水溶液）中，从而实现脱脂。

洗涤剂是专门用于清洗的产品，主要组分包括表面活性剂、助洗剂和添加剂等。洗涤剂的种类很多，按照去除污垢的类型，可分为重垢型洗涤剂和轻垢型洗涤剂；按照产品外形，可分为粉状洗涤剂、块状洗涤剂、膏状洗涤剂、浆状洗涤剂和液体洗涤剂。

在织物的水洗中，只有阴离子表面活性剂和非离子型表面活性剂能对织物去污起到正面作用，因此这两种表面活性剂也是衣物洗涤剂的主要材料。洗涤剂要具备良好的润湿性、渗透性、乳化性、分散性、增溶性及发泡与消泡等性能。洗衣粉是一种碱性的合成洗涤剂，去污力强、溶解性能好、使用方便，在抗硬水、泡沫丰富等方面都更胜一筹，同时价格较便宜，属于性价比较高的洗衣清洁剂。洗衣液是一种液态的衣物洗涤剂，成分与洗衣粉相似，适合洗涤内衣、被褥床单等重垢织物。它的水溶性好，冷水中也能迅速溶解，充分地发挥作用。洗衣液中常加入低泡的非离子表面活性剂，因此较易漂洗。相对洗衣粉来说，洗衣液碱性较低，性能较温和，不损伤衣物，使用更方便。洗衣液一般选用耐硬水的非离子表面活性剂，在软硬水中都有效。因可制成中性的洗衣液（如丝、毛洗衣液等），用于洗涤丝绸、毛等纤细织物，洗出的衣物对皮肤刺激也较小。洗衣液的价格相对洗衣粉来说，要贵出不少。洗发露中含有多种成分，这些成分能起到清洁头皮和头发的功能。洗手液是一种用来清洁手部的护肤清洁液，通过机械摩擦和表面活性剂，配合水流或不需要水来清除手上的污垢和附着的细菌。

2.3.1　常用脱脂剂和洗涤剂性能特点

常用脱脂剂和日用洗涤剂具有以下特点。

1）毛皮脱脂剂 FD

外观：无色透明黏稠液体。

pH（10%溶液）：6～7。

活性物含量：≥50%。

电荷：非离子。

性能与用途：主要用于毛皮毛被的脱脂及毛被上铬绿的去除。毛皮脱脂剂 FD

是非常优秀的脱脂剂，可用于裘皮生产的各个工序，最大限度地去除毛被脂肪。还可用于染前脱脂，FD 可显著提高染料的匀染性和毛被的松散灵活性，加入铬鞣液中还可防止绿毛的产生。

2）毛皮脱脂剂 TS

物化指标：一种乙氧基脂肪醇类表面活性剂。

外观：无色黏稠液体。

pH（10%溶液）：6～7。

活性物含量：≥80%。

电荷：非离子。

性能与用途：可用于毛皮加工各个过程的任何工序，乳化力极强，可高效去除皮张的大量油脂，耐酸、碱，有助于染色均匀。

3）脱脂剂 309

特性：非离子高效脱脂剂。

外观（25℃）：无色至微黄色液体。

pH：5.0～8.0。

有效物含量（%）：50.0±3.0。

性能与用途：易于生物降解，属于环境友好的非离子脱脂剂。具有优异的脱脂效果，对皮中的各种污渍有很强的分解能力，特别适合猪皮、羊皮等油脂性重的生皮脱脂。适用于皮革前整理工序，如浸水、浸灰、复灰、脱灰、软化、浸酸，包括中和、复鞣等工序。具有润湿和乳化作用，与其他制革化学品相容性好，促进其他化料渗透。

4）脱脂剂 T123

特性：非离子高效脱脂剂。

外观：浅色液体。

pH：6.0～8.0。

有效物含量（%）：62.0±2.0。

性能与用途：易于生物降解，属于环境友好的非离子脱脂剂。具有极佳的乳化性、渗透性、分散性。耐硬水、耐酸、耐碱、耐电解质。可用于制革的各个工序，如用于主脱脂或分步脱脂、回软等。

5）洗手液

产品特点：无磷环保中性配方，温和去污，柔嫩肌肤，有效抑菌，对抑制金黄色葡萄球菌和大肠杆菌效果优良，安全健康。

主要成分：水、月桂醇聚醚硫酸酯钠、椰油酰胺、芦荟、甲基异噻唑啉酮、甲基氯异噻唑啉酮、柠檬酸、香精、三氯羟基二苯醚（含量 0.18%～0.3%）

6）婴儿洗衣液

产品特点：专为婴儿设计的草本精华配方，不含磷、荧光增白剂，安全环保。温和无刺激，易冲洗，深层去污无残留。有效防止静电，洗后衣物更柔顺。

主要成分：去离子水、植物表面活性剂、艾叶油、柔顺因子。

7）洗发露

产品特点：天然柠檬配方，洗去头部皮肤的多余油脂，平衡头部油脂，避免产生头皮瘙痒，洗后令头发不油不腻，感觉清爽。适合油性发质使用。

主要成分：水、月桂醇硫酸酯钠、月桂醇聚醚硫酸酯钠、氯化钠、乙二醇二硬脂酸酯、碳酸锌、聚二甲基硅氧烷、二甲苯磺酸钠、（日用）香精、吡硫翁锌、椰油酰胺丙基甜菜碱、苯甲酸钠、瓜儿胶羟丙基三甲基氯化铵、碱式碳酸镁、香橼果提取物、甲基异氯噻唑啉酮、甲基异噻唑啉酮等。

8）沐浴露

产品特点：含有微小磨砂“硅粒子”，温和去除暗哑角质，令洗后肌肤柔嫩光滑，温和清洁，刺激性小，保湿性好，深入滋养，由内而外。

主要成分：水、甘油、向日葵籽油、椰油酰胺丙基甜菜碱、羟丙基淀粉磷酸钠、月桂醇聚醚硫酸酯钠、椰油酰甘氨酸钠、月桂酸、氢化大豆油、月桂酰羟乙磺酸钠、香精、硅石、硬脂酸、瓜儿胶羟丙基三甲基氯化铵、柠檬酸、棕榈酸钠、DMDM 乙内酰脲、丁羟甲苯、羟乙磺酸钠、硬脂酸钠、EDTA 四钠、棕榈仁油酸钠、氯化钠、甲基异噻唑啉酮、氧化锌、矾土等。

9）洗衣液

主要成分：多种活性洁净成分，去污增效因子。

产品特点：深入纤维，深层洁净，保护衣物颜色、衣物纤维，温和不伤手，环境友好，去除多种顽固污渍。对重污渍衣物，可直接涂抹在污渍处，揉搓后洗涤即可。安全环保，适用于棉、麻、丝、毛（羊绒、羽绒等）及合成纤维、混纺等不同质地衣物和婴幼儿衣物、内衣。衣物洗后带有芳香。

10）羊毛羊绒净

主要成分：表面活性剂、助剂、柔顺剂。

产品特点：羊毛羊绒净去除污渍功效好，防缩水变形，不损毛绒纤维，不易变形，不起球，能有效减轻在洗涤过程中的褪色现象。能消除静电，使织物蓬松柔顺，衣物味道芳香。

2.3.2 洗涤工艺

根据工厂现行羽绒（含绒量约 50%的山东夏季小鸭羽绒）水洗工艺，设定本试验羽绒水洗工艺，见表 2.12。

表 2.12 羽绒水洗工艺

	用量/%	温度/℃	时间/min
水	500	50	
脱脂剂/洗涤剂	2		30
漂洗			10
甩干			10
烘干		80	60

注：鸭毛质量为 10g，水和表面活性剂用量以鸭毛质量计。

称取 10g 原毛，将 2.0g 脱脂剂或洗涤剂加入 50℃、500mL 的热水中，将原毛和溶有脱脂剂或洗涤剂的水加入 1000mL 的圆底烧瓶中，搅拌 30min。搅拌后取下圆底烧瓶，用筛子过滤，在流水下漂洗 10min，挤干羽绒中水分，烘干羽绒，备用。

2.3.3 脱脂剂和洗涤剂对羽绒性能的影响

1. 检测原料羽绒的基本性能

羽绒是生长在小鸭、鹅的体表或成鸭、鹅正羽基部的绒毛，由朵绒、未成熟绒、类似绒等组成。不同于羊毛、牛毛和猪毛等动物毛的形态，羽绒纤维无鳞片层，由外到内可以分为表皮层、皮层、皮质。原料羽绒跟原料皮、毛皮一样，纤维上都附有动物油脂、血渍、粪便等脏污。羽绒需要通过水洗工序达到洁白、轻盈、无异味的状态。

检测本试验所选的原料羽绒的残脂率、蓬松度、白度和气味，结果见表 2.13。

表 2.13 羽绒未水洗检测结果

指标	残脂率/%	蓬松度/cm^3	白度/%	气味
空白（未水洗）	2.70	164.96	44.25	3

注：试验样品为山东夏季小鸭羽绒，含绒量 50%。表 2.14～表 2.21 同。

2. 脱脂剂和洗涤剂对羽绒残脂率的影响

选用五种皮革、毛皮脱脂剂和六种日用洗涤剂对羽绒分别进行水洗。通过索式抽提法测定羽绒残脂率，比较不同的皮革脱脂剂和日用洗涤剂对羽绒的油脂去除率影响，结果分别见表 2.14、图 2.8 和表 2.15、图 2.9。

表 2.14　不同脱脂剂脱脂效果

脱脂剂	残脂率/%	油脂去除率/%
毛皮脱脂剂 FD	1.57	41.85
毛皮脱脂剂 TS	1.10	59.26
皮革脱脂剂 309	2.07	23.33
皮革脱脂剂 LDA	1.96	27.41
皮革脱脂剂 T123	2.28	15.56

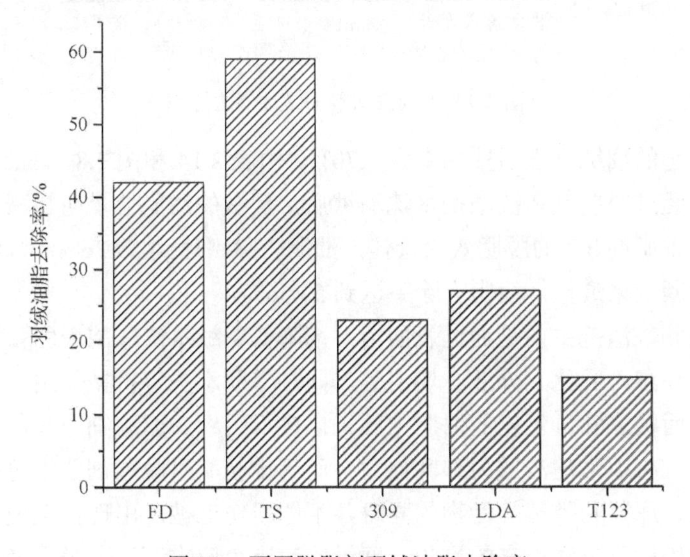

图 2.8　不同脱脂剂羽绒油脂去除率

表 2.15　不同洗涤剂脱脂效果

洗涤剂	残脂率/%	油脂去除率/%
洗发露	1.84	31.85
婴儿洗衣液	1.20	55.56
沐浴露	2.57	4.81
羊毛羊绒净	1.27	52.96
大众洗衣液	1.48	45.19
洗手液	1.42	47.41

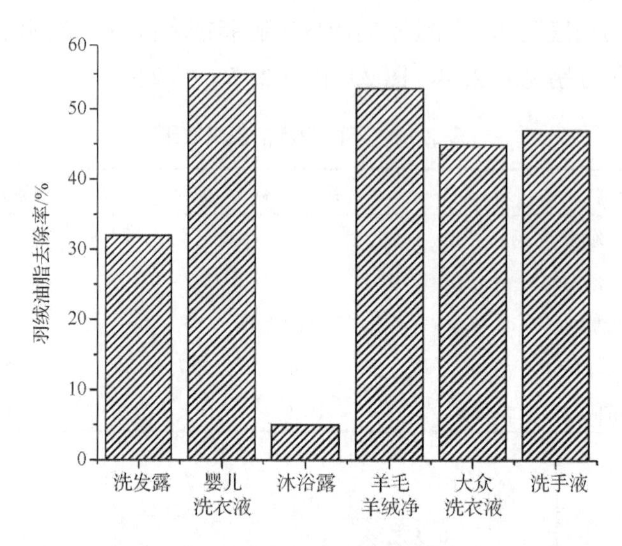

图 2.9　不同洗涤剂羽绒油脂去除率

试验所选的羽绒处理前残脂率为 2.70%。由表 2.14 和图 2.8，表 2.15 和图 2.9 可以看出，经过脱脂剂和洗涤剂水洗羽绒后，羽绒的油脂含量明显减少，五种脱脂剂中毛皮脱脂剂 TS 的脱脂效果最佳，油脂去除率达到 59.26%；洗涤剂中婴儿洗衣液的脱脂效果最佳，油脂去除率达到 55.56%。

脱脂剂和洗涤剂主要是通过表面活性剂降低羽绒水洗液的表面张力，对油脂等污垢进行润湿、乳化、分散、增溶等，同时借助水洗等机械作用，让油脂等污垢溶于水中而被去除。生皮的油脂主要来自皮下组织、脂肪细胞和脂腺内，所以皮革脱脂剂具有很强的渗透力和乳化力；而毛皮脱脂对脱脂剂要求更高，在去除油脂、血渍、尿黄和粪黄等污物的同时，不能损伤毛被，出现掉毛现象，同时达到毛被洁净松散、色泽光亮的目的。羽绒的油脂主要来源于羽绒伞柄及纤维表面附着物，羽绒的脱脂要求更接近毛皮脱脂，这可能是本试验所选毛皮脱脂剂 FD 和 TS 较皮革脱脂剂 309、LDA 和 T123 效果较好的原因。对于需要强力脱脂的纤维，所选洗涤剂的亲水疏水平衡（HLB）值在 15～18 为宜。沐浴露相对其他所选洗涤剂 HLB 值较低，因此脱脂性也会相对较低。

3. 脱脂剂和洗涤剂对羽绒蓬松度的影响

用不同脱脂剂和洗涤剂对羽绒进行水洗，检测羽绒的蓬松度变化，结果分别见表 2.16、图 2.10 和表 2.17、图 2.11。

表 2.16　不同脱脂剂水洗羽绒的蓬松度结果

脱脂剂	蓬松度/cm^3	提高率/%
毛皮脱脂剂 FD	225.58	36.75
毛皮脱脂剂 TS	189.80	15.06
皮革脱脂剂 309	212.66	28.92
皮革脱脂剂 LDA	218.62	32.53
皮革脱脂剂 T123	217.63	31.93

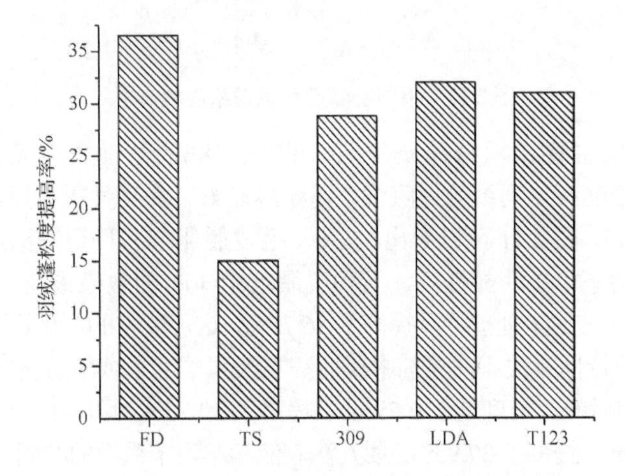

图 2.10　不同脱脂剂羽绒蓬松度提高率

表 2.17　不同洗涤剂水洗羽绒的蓬松度结果

洗涤剂	蓬松度/cm^3	提高率/%
洗发露	215.64	30.72
婴儿洗衣液	230.55	39.76
沐浴露	211.67	28.31
羊毛羊绒净	227.57	37.95
大众洗衣液	206.70	25.30
洗手液	209.68	27.11

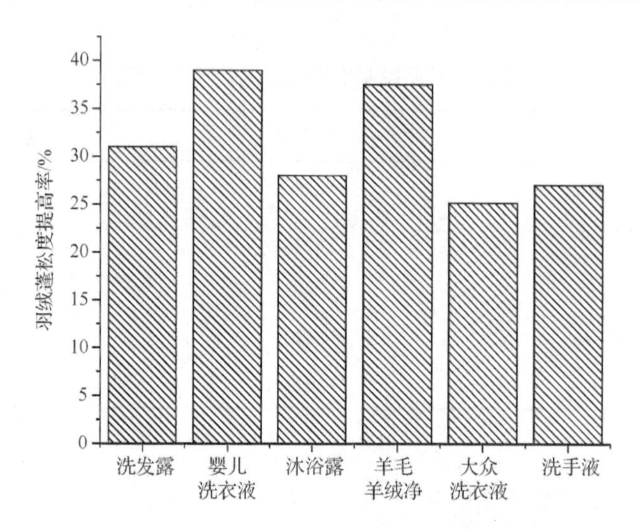

图 2.11 不同洗涤剂羽绒蓬松度提高率

羽绒蓬松度主要由羽绒品质决定，也与羽绒的洁净程度及洗涤剂性质有关。羽绒的蓬松度决定羽绒的保暖性，蓬松度越好，保暖性也会越好。由表 2.16、图 2.10 和表 2.17、图 2.11 可以看出，皮革、毛皮脱脂剂和日用洗涤剂水洗羽绒后，都可以使羽绒的蓬松度明显提高。五种脱脂剂中 FD 的效果最佳，处理后的蓬松度为 225.58cm^3，相比未处理样品提高了 36.75%，这可能与 FD 除了具有脱脂性外还具有松散毛被的特性有关。洗涤剂中婴儿洗衣液和羊毛羊绒净的蓬松效果较好，用婴儿洗衣液处理后的蓬松度是 230.55cm^3，提高了 39.76%；用羊毛羊绒净处理后的蓬松度是 227.57cm^3，提高了 37.95%。婴儿洗衣液和羊毛羊绒净的共同特点是可柔顺衣服，消除或防止静电。一般织物纤维经多次洗涤后容易起静电，舒展松散性会降低，这些柔软剂可降低纤维间的摩擦系数，增加润滑性，从而获得良好的蓬松效果。

4. 测定羽绒的白度试验结果

用不同脱脂剂和洗涤剂对羽绒进行水洗，检测羽绒的白度变化，结果分别见表 2.18、图 2.12 和表 2.19、图 2.13。

表 2.18 不同脱脂剂水洗羽绒白度结果

脱脂剂	白度/%	提高率/%
毛皮脱脂剂 FD	48.45	9.49
毛皮脱脂剂 TS	49.32	11.46
皮革脱脂剂 309	49.43	11.71
皮革脱脂剂 LDA	48.60	9.83
皮革脱脂剂 T123	47.89	8.23

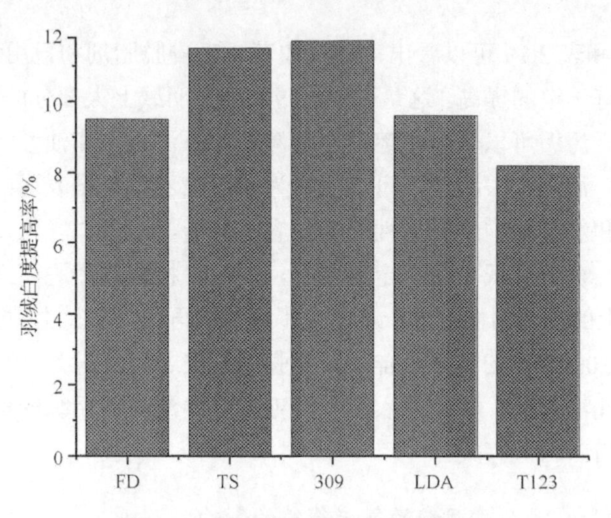

图 2.12　不同脱脂剂羽绒白度提高率

表 2.19　不同洗涤剂水洗羽绒白度结果

洗涤剂	白度/%	提高率/%
洗发露	47.13	6.51
婴儿洗衣液	50.45	14.01
沐浴露	47.13	6.51
羊毛羊绒净	49.51	11.89
大众洗衣液	49.71	12.34
洗手液	48.87	10.44

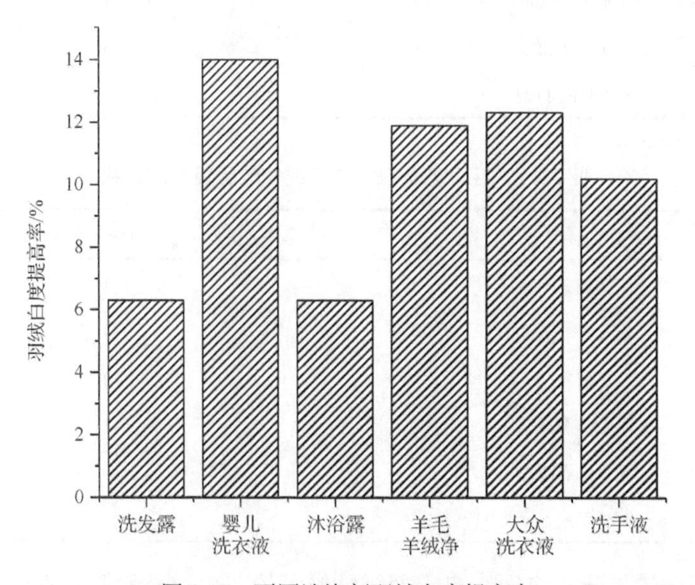

图 2.13　不同洗涤剂羽绒白度提高率

由表 2.18 和表 2.19 可以看出，经过皮革、毛皮脱脂剂和日用洗涤剂水洗后，羽绒的白度都有一定的提高。这是因为经过洗涤，羽绒上大部分的污垢被洗脱掉，使其白度增加。污垢可以分为水溶性、油溶性及不溶于水和油性污垢，去污机理较复杂。其中，油溶性去污过程可以概括为附着在羽绒纤维表面的油溶性污垢，在经过脱脂剂和洗涤剂中表面活性剂的包容、润湿、渗透、乳化及分散作用后，与羽绒纤维的结合力降低，在一定温度下，污垢经机械作用脱离纤维表面，且附着在羽绒纤维上的表面活性剂进一步阻止了污垢的再次附着。由图 2.12 可以看出，五种脱脂剂中 309、TS 的效果最佳，其他脱脂剂次之。由图 2.13 可以看出，六种洗涤剂中，婴儿洗衣液、大众洗衣液和羊毛羊绒净洗涤后羽绒的白度较好，这可能与洗衣液的增白功效有关。

5. 脱脂剂和洗涤剂对羽绒的气味等级的影响

用不同脱脂剂和洗涤剂对羽绒进行水洗，检测羽绒的气味等级变化，结果分别见表 2.20 和表 2.21。

表 2.20　不同脱脂剂水洗羽绒气味等级检测结果

脱脂剂	气味等级
毛皮脱脂剂 FD	0
毛皮脱脂剂 TS	2
皮革脱脂剂 309	1
皮革脱脂剂 LDA	2
皮革脱脂剂 T123	1

表 2.21　不同洗涤剂水洗羽绒气味等级检测结果

洗涤剂	气味等级
洗发露	1
婴儿洗衣液	2
沐浴露	3
羊毛羊绒净	1
大众洗衣液	0
洗手液	1

原毛羽绒的异味一方面来自于羽绒纤维上的灰尘、粪便等污物产生的微生物

的释放；另一方面来自于鸭鹅本身的腥味。微生物含量超标，会引发人体呼吸道、肠道疾病以及皮肤过敏、瘙痒等症状，有害人体健康，还会严重影响羽绒的使用体验。从表 2.15 和表 2.16 可以看出，羽绒经水洗后，气味等级降低明显，其中经过毛皮脱脂剂 FD 和大众洗衣液清洗后气味等级达到了 0 级。整体上看，经洗涤，羽绒去除了大量的油脂和污物，同时也去除了产生异味的微生物，削弱了腥味产生的源头。另外，季铵盐类表面活性剂具有杀菌消毒的功效，也可以用于降低羽绒异味。

6. 羽绒油脂去除率与羽绒蓬松度及白度之间的关系

为了考察羽绒油脂去除率与羽绒蓬松度及白度之间的关系，用这三组数据作图，结果见图 2.14。

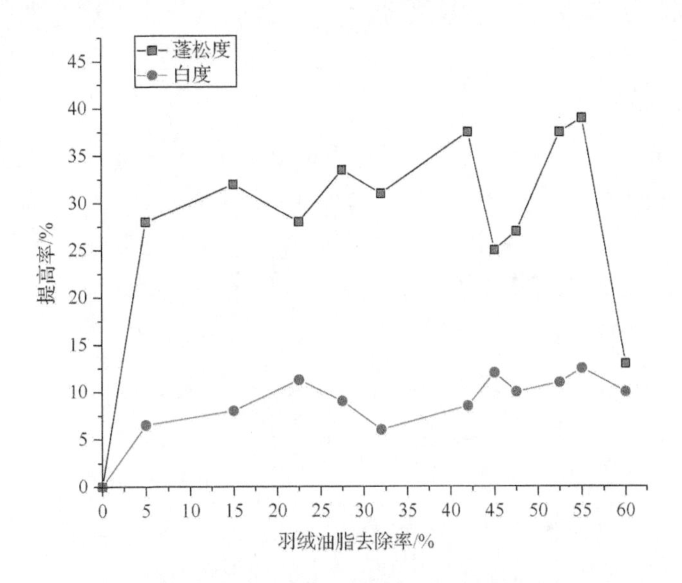

图 2.14　羽绒油脂去除率与羽绒蓬松度及白度之间的关系

从图 2.14 可以看出，羽绒在水洗脱脂后，蓬松度和白度都会提高，但是随着羽绒油脂去除率的提高，其蓬松度和白度未呈线性增高或减少。这说明羽绒的油脂去除率与其蓬松度和白度的关系不确定。还可以看出，羽绒经过同等程度的脱脂，其蓬松度变化和白度变化的趋势大体一致，但并非完全同步。这说明羽绒油脂去除率与其蓬松度及白度之间的变化规律还有待进一步试验研究。

根据文献和工厂现行工艺确定羽绒水洗工艺，采用五种皮革脱脂剂和六种日用洗涤剂分别对羽绒进行清洗。用萃取法测定清洗后羽绒的残脂率，用蓬松度计测定羽绒的蓬松度，用直接嗅辨法测定羽绒的气味等级，用白度计测定羽绒的白度。试验证明，水洗后羽绒的各方面性能指标都有所提高，总结主要结果如下：

（1）使用皮革脱脂剂和洗涤剂水洗羽绒，可以有效减少羽绒的油脂含量，提高蓬松度和白度，降低羽绒异味，所以皮革、毛皮脱脂剂和日用洗涤剂可以应用在羽绒水洗工序上；

（2）羽绒的油脂去除率与羽绒的蓬松度及白度未呈线性变化；

（3）经过脱脂剂和洗涤剂水洗后，羽绒的油脂去除率最高达 59.26%，蓬松度可提高 28.45%，气味等级最好可以达到 0 级无异味，白度最多提高了 12.29%。

第3章 提高羽绒蓬松度工艺技术

3.1 铝鞣剂改善羽绒蓬松度

羽绒纤维是天然纤维的一种。与皮革加工涉及的胶原纤维改性一样，羽绒纤维的表面含有大量羧基、氨基、羟基等活性基团，也可以进行表面纤维改性。因此，借鉴皮革加工技术和鞣制化学的理论，可以将铝鞣剂（luminium tanning agent）作为羽绒纤维的蓬松剂，研究改善羽绒蓬松度的加工技术[35]。

铝鞣剂是一种含蒙囿剂的碱度较高的铝盐。可用于鞣革的铝盐有铝明矾、硫酸铝和碱式氯化铝。前两个常用纯碱制成碱式硫酸铝，鞣革最合适的碱度在50%～60%，但硫酸铝溶液碱度超过23%即会产生沉淀而失去鞣性，故需加入柠檬酸钠或酒石酸盐作隐匿剂才能使碱度提高到50%以上；碱式氯化铝是一种很好的铝鞣剂，不加隐匿剂且碱度高达66%也不沉淀[36]。铝鞣剂的主要原料是明矾或硫酸铝，氯化铝常用于制造高碱度铝鞣剂。铝鞣剂与胶原纤维发生交联反应的模型见图3.1。铝鞣革革身扁薄，热稳定性差，这是因为铝鞣剂中的 Al^{3+} 主要以电价键的形式与纤维的活性基团羧基（—COOH）发生单点结合，结合得不牢固。铝鞣反应机理见图3.2。铝盐具有廉价易得和无污染的特点，从我国废水的排放标准来看，对铬、铅、锌等金属都有非常明确的标准，而对铝、锆却没有明确的要求，其废水对环境的影响较小[37]。

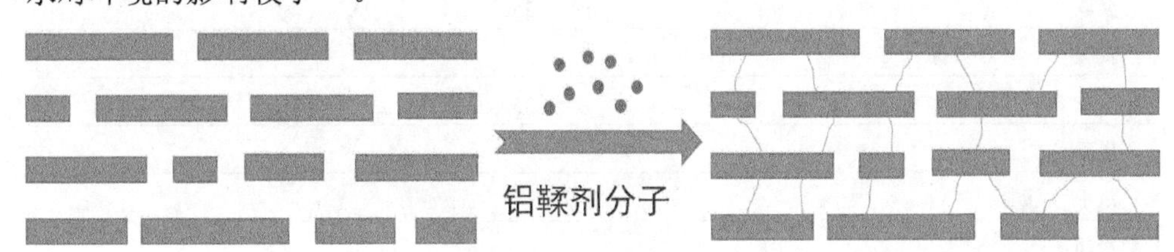

图3.1 鞣制交联模型

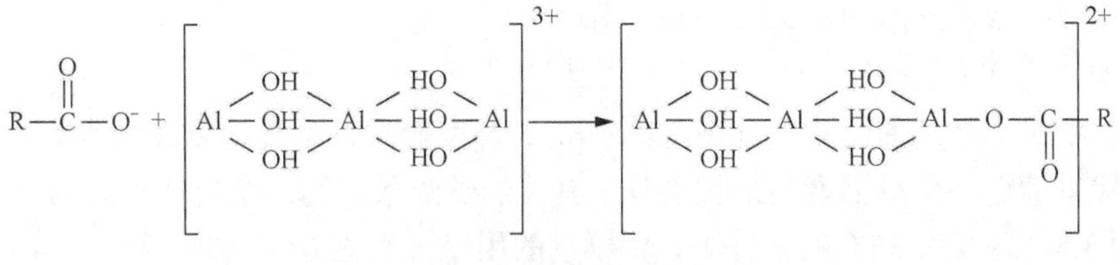

$$\mathrm{R{-}\overset{\overset{\displaystyle O}{\|}}{C}{-}O^-} + \left[\mathrm{Al}\begin{smallmatrix}\mathrm{OH}\\\mathrm{OH}\\\mathrm{OH}\end{smallmatrix}\mathrm{Al}\begin{smallmatrix}\mathrm{HO}\\\mathrm{HO}\\\mathrm{HO}\end{smallmatrix}\mathrm{Al}\right]^{3+} \longrightarrow \left[\mathrm{Al}\begin{smallmatrix}\mathrm{OH}\\\mathrm{OH}\\\mathrm{OH}\end{smallmatrix}\mathrm{Al}\begin{smallmatrix}\mathrm{HO}\\\mathrm{HO}\\\mathrm{HO}\end{smallmatrix}\mathrm{Al{-}O{-}\underset{\underset{\displaystyle O}{\|}}{C}}\right]^{2+}\mathrm{{-}R}$$

图3.2 铝鞣反应机理

3.1.1 加工工艺

在羽绒（含绒量90%的鸭绒）的处理加工过程中，铝鞣剂的性能及加工条件会共同决定处理后羽绒蓬松的效果，因此为了保证经铝鞣剂处理的羽绒纤维能达到最好的蓬松状态，应对整个处理工艺中的反应条件进行优化，以期获得最佳的处理工艺参数。反应条件包括铝鞣剂的用量、处理时间、pH、温度等。为了保证试验的准确性，在整个羽绒样品中随机抽取一定质量的羽绒作为测试。其处理工艺见表3.1。

表3.1 羽绒处理工艺（通过铝鞣剂）

工序	材料	液比	用量/%	温度/℃	时间/min	pH	备注
水洗	水	1∶40		35	20×3		
脱脂	水	1∶30					
	脱脂剂		2.0	40	60		
水洗	水	1∶40		35	20×3		
氧化	水	1∶20					
	H_2O_2		1.5	30	30		
水洗	水	1∶40		35	20×3		
预处理	水	1∶20		25	30	2.5	将盐化开后，再放入羽绒
	氯化钠		8				
	铝鞣剂		3				
	甲酸		2				
交联				35	90		
提碱	小苏打					3.5	
水洗	水	1∶40		35	20×3		
甩干							
烘干							
冷却							
打包							

注：（1）液比是羽绒与水的质量比。

（2）工艺表中化料用量是试剂占羽绒纤维的质量分数。

（3）表中时间“20×3”表示连续水洗3次，每次洗20min。

分别对铝鞣剂的用量、处理时间、pH、温度等进行优化，以蓬松度为主要参考指标来确定各个单因素的最优条件。具体的试验条件为：在处理时间为90min，pH为3.5，温度为35℃的条件下，铝鞣剂的用量分别为0%、1%、2%、3%、4%、5%；在铝鞣剂的用量为3%，温度为35℃，pH为3.5的条件下，处理时间分别为

30min、60min、90min、120min、150min；在铝鞣剂的用量为 3%，温度为 35℃，处理时间为 90min 的条件下，pH 分别调节为 3.0、3.5、4.0、4.5、5.0；在铝鞣剂的用量为 3%，处理时间为 90min，pH 为 3.5 的条件下，处理温度分别为 20℃、25℃、30℃、35℃、40℃。

3.1.2　铝鞣剂对羽绒性能的影响

1. 铝鞣剂用量对羽绒蓬松度的影响

铝鞣剂是影响羽绒蓬松度的主要因素之一。铝鞣剂的用量过少，起不到好的蓬松效果；用量过多，可能会使羽绒纤维发生过度交联，导致蓬松度下降，同时对原料资源也是一种浪费。因此，对铝鞣剂的用量进行了考察，试验结果见图 3.3。

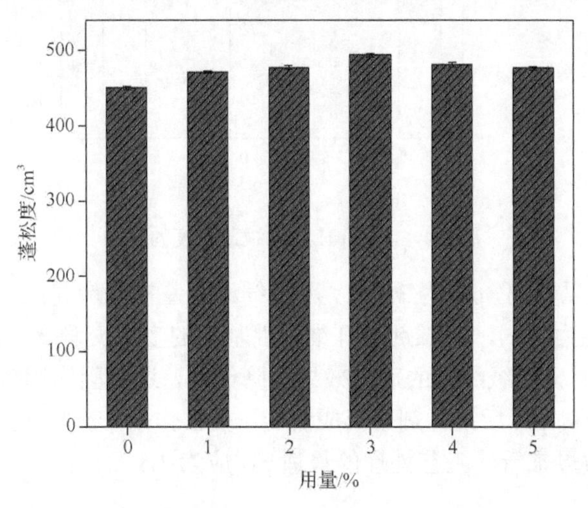

图 3.3　铝鞣剂的用量与蓬松度的关系

由图 3.3 可知，与未处理的羽绒样品相比，铝鞣剂处理后羽绒纤维的蓬松度均得到不同程度的改善。当铝鞣剂的用量为 3%时，羽绒的蓬松效果最好，达到了 $493cm^3$，与未处理的羽绒样品相比，蓬松度提高了 10%。这是因为根据制革鞣制理论，羽绒纤维表面的活性羧基与铝配合物发生了交联反应，羽绒纤维之间形成共价键，增强了纤维分子之间的结合力，在宏观上表现为羽绒纤维的弹性增强，使羽绒蓬松度得以提高。当继续增加铝鞣剂用量时，羽绒纤维的蓬松度出现下降并保持稳定的趋势，原因是当铝鞣剂的用量增多时羽绒纤维表面发生过度交联，造成羽绒蓬松度下降。并且在一定质量内的羽绒纤维活性基团的数量是一定的，因此也限制了铝鞣剂的用量。根据处理后的实际蓬松效果，选择铝鞣剂的用量为 3%。

虽然经过铝鞣剂处理后，羽绒纤维的蓬松度提高了 10%，但是从实际生产意义来看，这种效果仍不是十分理想。这与铝鞣剂本身的性质有关，铝鞣剂与纤维的活性羧基之间形成的共价键较少，结合得并不牢固。在本工艺中，交联结束后还会进行水洗，这进一步降低了铝鞣剂的处理效果。

2. pH 对羽绒蓬松度的影响

图 3.4 显示了不同 pH 对羽绒纤维蓬松度的影响。

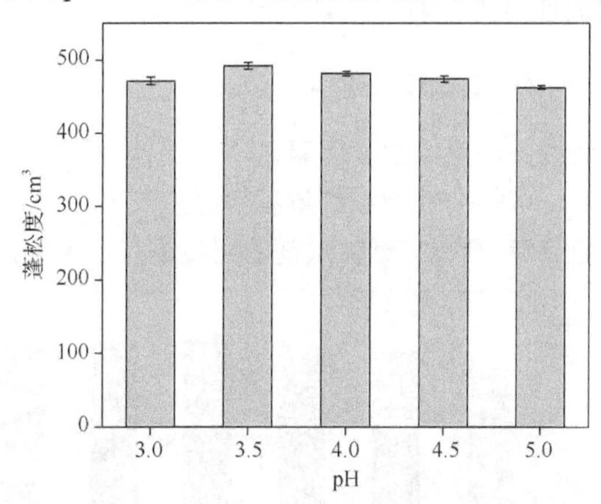

图 3.4　不同 pH 对羽绒蓬松度的影响

由图 3.4 可以看出，pH 为 3.5 时，羽绒纤维的蓬松度最高；当 pH 小于 3.5 时，铝鞣剂的收敛能力较弱，铝鞣剂与纤维活性基团的多点交联变少，蓬松度降低；当 pH 大于 3.5 时，羽绒纤维的蓬松效果也降低了，这是因为铝鞣剂的 pH 适用范围很窄，逐渐提高 pH 后铝鞣剂会形成沉淀，失去作用，影响了蓬松处理的效果。因此，从实际效果来看，工艺处理的最适 pH 应为 3.5。

3. 处理时间对羽绒蓬松的影响

时间是处理工艺过程中一个非常重要的参数。时间过短可能导致试剂与羽绒纤维无法充分结合，从而影响蓬松效果；时间过长可能增加工艺处理的时间成本，影响实际工作效率，因此需要对处理时间进行优化。图 3.5 显示了不同处理时间对羽绒蓬松度的影响。

从图 3.5 可以看出，在一定范围内，处理时间越长，羽绒的蓬松度越高，这是因为随着时间的增加，铝配合物与羽绒纤维活性基团之间会产生更多的多点交联，羽绒纤维分子之间的结合力和弹性增强，使羽绒蓬松度提高。处理时间为 90min 时，羽绒的蓬松效果最佳，时间继续延长后的处理效果基本保持不变。这可能是因为处理 90min 后，铝配合物与羽绒纤维的活性基团结合完毕，继续延长时间不会产生更多的结合，对蓬松度的提升效果也就不明显。因此从节约时间、提高企业的工作效率的角度来讲，最优处理时间应为 90min。

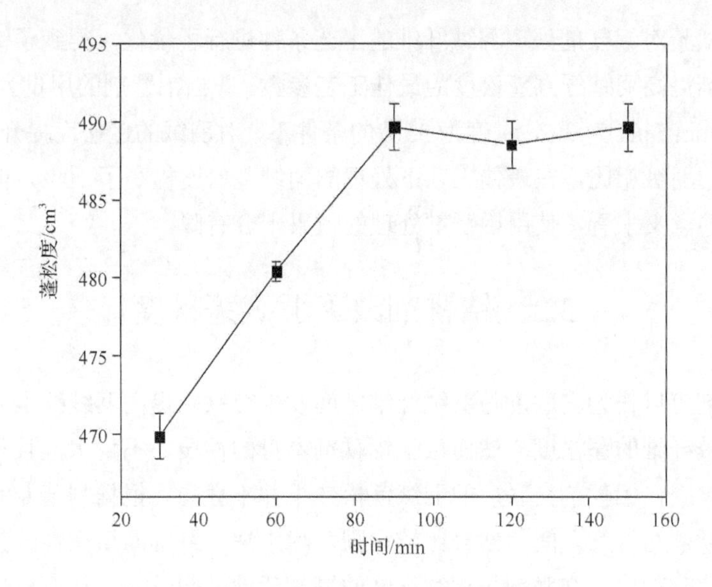

图 3.5　不同处理时间对羽绒蓬松度的影响

4. 温度对羽绒蓬松度的影响

温度对铝鞣剂与羽绒的结合也起到十分关键的作用。在一定温度范围内，适当提高处理温度有利于铝配合物与羽绒纤维之间形成更牢固的结合，从而提高蓬松效果。图 3.6 所示为不同处理温度对羽绒蓬松度的影响。由图 3.6 可以看出，处理温度为 35℃时，羽绒的蓬松效果达到最佳。继续提高温度，羽绒的蓬松度下降，这是因为相对过高的温度可能会对羽绒的结构造成了破坏，从而蓬松度下降。

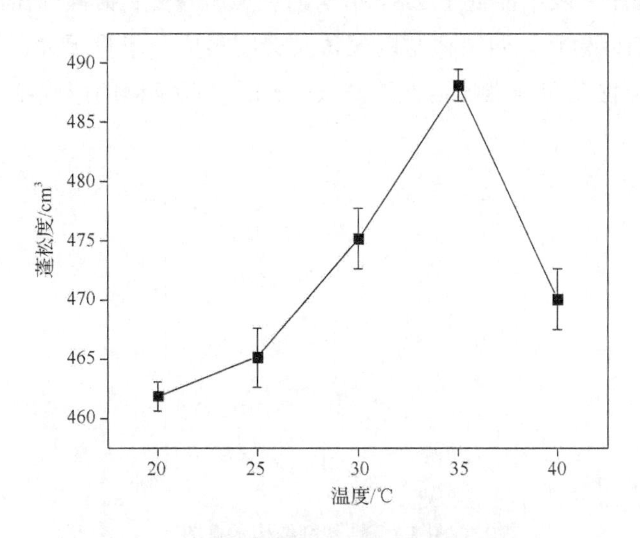

图 3.6　不同处理温度对羽绒蓬松度的影响

上述试验对铝鞣剂处理羽绒纤维的工艺条件进行了优化，得到了铝鞣剂作为羽绒交联剂提高羽绒纤维蓬松度的最佳工艺参数。即当铝鞣剂的用量为3%，处理时间为90min，pH为3.5，温度为35℃的条件下，对羽绒的蓬松度提升效果最佳。与未处理的羽绒相比，在最佳工艺下处理的羽绒蓬松度提高了10%，但是从企业实际生产的意义来看，使用铝鞣剂处理的效果十分有限。

3.2 锆鞣剂改善羽绒蓬松度

铝鞣剂可以作为交联剂与羽绒纤维之间发生交联，提高羽绒纤维的弹性，从而提高羽绒纤维的蓬松度。然而由于铝鞣剂本身的性质，不耐水洗且与纤维间的交联并不牢固，铝鞣剂交联后的羽绒蓬松效果并不理想。根据制革专业鞣制化学理论，锆鞣剂与纤维之间的结合比较牢固，耐水洗，纤维间填充性较强。因此，本章采用锆鞣剂作为交联剂与羽绒纤维的氨基活性基团结合，从而提高羽绒纤维的收缩回弹能力，改善羽绒的蓬松度。

锆鞣剂指用于鞣革的锆盐，有硫酸锆和氯化锆两种，硫酸锆的鞣性较强。锆盐是皮革鞣制中清洁、无污染的金属鞣剂，锆鞣剂所制得的革颜色纯白，丰满性、紧实性、填充性会得到大幅度提高。除此之外，锆鞣革热稳定性高，防潮、防霉、耐储存性好。通常会选择碱式硫酸锆作为锆鞣剂，锆鞣剂结构见图3.7。碱式硫酸锆的沉淀点特别低，容易发生水解，会以氢氧化锆的形式沉淀下来，因此锆盐处理的浴液pH一般不能低于2.8。锆鞣的反应机理是：锆鞣剂在溶液中会形成以羟基为桥的四聚体，四聚体与四聚体又会配聚成分子量更大、更复杂的锆配合物，锆配合物会和纤维的活性氨基（—NH_2）以氢键的形式结合，反应机理见图3.8。

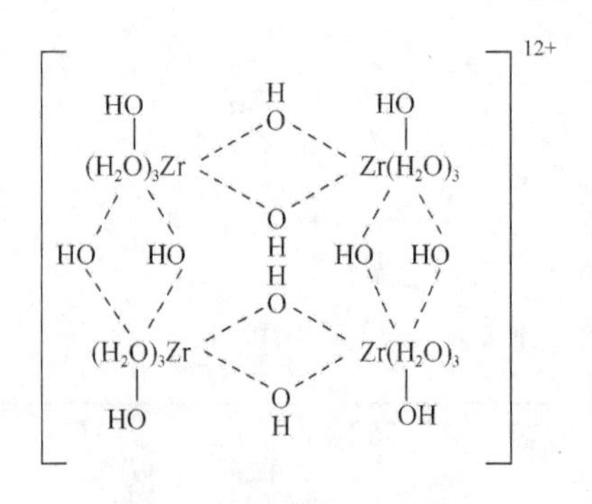

图3.7 锆鞣剂结构示意图

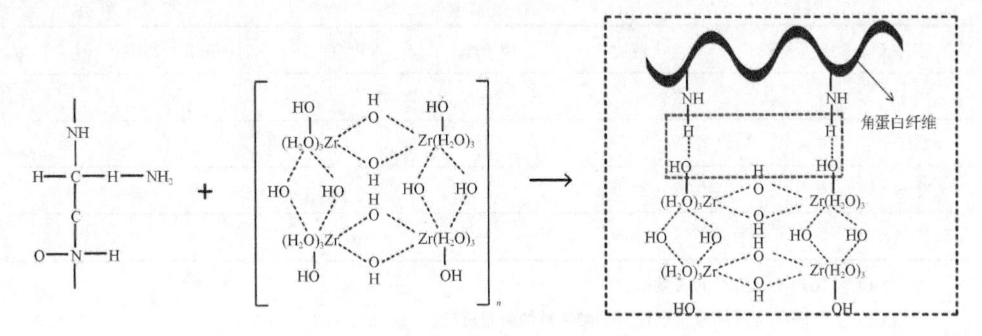

图 3.8　锆鞣反应机理图

3.2.1　加工工艺

在羽绒（含绒量 90%的鸭绒）的处理加工过程中，锆鞣剂的性能及加工条件会共同决定处理后羽绒蓬松的效果，因此为了保证经锆鞣剂处理的羽绒纤维能达到最好的蓬松状态，应对整个处理工艺中的反应条件进行优化，以期获得最佳的处理工艺参数。反应条件包括铝鞣剂的用量、处理时间、pH、温度等。为了保证试验的准确性，在整个羽绒样品中随机抽取一定质量的羽绒作为测试。其处理工艺见表 3.2。

表 3.2　羽绒处理工艺（通过锆鞣剂）

工序	材料	液比	用量/%	温度/℃	时间/min	pH
水洗	水	1∶40		35	20×3	
脱脂	水	1∶30				
	脱脂剂		2.0	40	60	
水洗	水	1∶40		35	20×3	
氧化	水	1∶20				
	H_2O_2		1.5	30	30	
水洗	水	1∶40		35	20×3	
预处理	水	1∶20				
	柠檬酸		1	30	30	4.0
交联	锆鞣剂		2	35	120	4.0
碱洗	水	1∶30				
	碳酸氢钠		0.05	40	20×3	7.5

续表

工序	材料	液比	用量/%	温度/℃	时间/min	pH
甩干						
烘干						
冷却						
打包						

注：（1）液比是羽绒与水的质量比。

（2）工艺表中化料用量是试剂占羽绒纤维的质量分数。

（3）表中时间“20×3”表示连续水洗 3 次，每次洗 20min。

分别对锆鞣剂的用量、处理时间、pH、温度等进行优化，以蓬松度为主要参考指标，残脂率、清洁度、白度为次要指标来确定各个单因素的最优条件。具体的试验条件为：在处理时间为 120min，pH 为 3.5，温度为 35℃的条件下，锆鞣剂的用量分别为 0%、0.5%、1%、2%、3%、4%；在锆鞣剂的用量为 2%，温度为 35℃，pH 为 3.5 的条件下，处理时间分别为 30min、60min、90min、120min、150min、180min；在锆鞣剂的用量为 2%，温度为 35℃，处理时间为 120min 的条件下，pH 分别调节为 3.0、3.5、4.0、4.5、5.0、5.5；在锆鞣剂的用量为 2%，处理时间为 120min，pH 为 3.5 的条件下，处理温度分别为 25℃、30℃、35℃、40℃、45℃、50℃。

3.2.2　锆鞣剂对羽绒性能的影响

1. 单因素试验条件对羽绒纤维品质的影响

锆鞣剂的用量、pH、处理时间、温度对羽绒纤维蓬松度、残脂率、白度、清洁度的影响分别见表 3.3～表 3.6。

表 3.3　锆鞣剂的用量对羽绒纤维品质的影响

锆鞣剂用量/%	蓬松度/cm^3	残脂率/%	白度/%	清洁度/mm
0	452 ± 7	0.72 ± 0.022	60.51 ± 2.48	610 ± 10
0.5	473 ± 4	0.76 ± 0.038	59.79 ± 3.53	600 ± 5
1	527 ± 3	0.82 ± 0.016	58.19 ± 2.83	595 ± 5
2	550 ± 5	0.85 ± 0.035	61.71 ± 1.95	590 ± 5
3	539 ± 3	0.98 ± 0.047	60.39 ± 3.42	580 ± 10
4	520 ± 6	1.03 ± 0.036	58.33 ± 2.76	575 ± 5

注：试验样品为含绒量 90%的鸭绒。表 3.4～表 3.6 同。

表 3.4　pH 对羽绒纤维品质的影响

pH	蓬松度/cm^3	残脂率/%	白度/%	清洁度/mm
3.0	540 ± 6	0.74 ± 0.022	62.42 ± 3.01	615 ± 10
3.5	548 ± 3	0.85 ± 0.035	61.56 ± 1.95	590 ± 5
4.0	546 ± 4	0.92 ± 0.016	58.23 ± 2.36	580 ± 5
4.5	513 ± 5	1.25 ± 0.035	60.72 ± 4.05	575 ± 10
5.0	490 ± 3	1.38 ± 0.047	60.53 ± 3.82	540 ± 10
5.5	465 ± 2	1.43 ± 0.036	59.43 ± 4.36	525 ± 5

表 3.5　处理时间对羽绒纤维品质的影响

处理时间/min	蓬松度/cm^3	残脂率/%	白度/%	清洁度/mm
30	467 ± 6	0.76 ± 0.037	58.42 ± 3.01	605 ± 10
60	473 ± 3	0.83 ± 0.014	60.56 ± 4.20	590 ± 5
90	536 ± 4	0.90 ± 0.076	58.33 ± 2.54	585 ± 5
120	540 ± 5	0.85 ± 0.035	61.56 ± 1.95	590 ± 5
150	550 ± 3	0.88 ± 0.073	60.44 ± 2.62	590 ± 5
180	555 ± 2	0.94 ± 0.064	58.53 ± 3.83	590 ± 5

表 3.6　温度对羽绒纤维品质的影响

温度/℃	蓬松度/cm^3	残脂率/%	白度/%	清洁度/mm
25	528 ± 5	0.82 ± 0.043	58.66 ± 2.68	610 ± 10
30	540 ± 6	0.78 ± 0.051	57.79 ± 3.25	595 ± 5
35	548 ± 5	0.85 ± 0.035	61.56 ± 1.95	590 ± 5
40	535 ± 3	0.81 ± 0.045	61.34 ± 3.46	590 ± 5
45	522 ± 8	0.72 ± 0.064	62.78 ± 2.49	590 ± 5
50	498 ± 6	0.79 ± 0.072	59.33 ± 4.37	590 ± 5

由表 3.3～表 3.6 可知，在一定范围内，羽绒纤维蓬松度会随着锆鞣剂用量的增加而提高。当锆鞣剂的用量达到 2%时，羽绒纤维的蓬松度为 550cm^3左右，达到最佳状态，与未处理的羽绒纤维相比，蓬松度提高了约 21%。这是因为根据鞣制化学理论，锆鞣剂在溶液中会形成以四聚体为单元的锆配合物，锆配合物会与羽绒纤维表面的活性氨基形成氢键交联，提高羽绒纤维间分子的结合力，在宏观上表现为羽绒纤维的弹性提高，蓬松度提高。同时，锆配合物为高配位数的配合

物，分子质量大，配合物复杂，与纤维之间形成的氢键数量多，因此蓬松效果明显且稳定。锆配合物与羽绒纤维的交联示意图见图 3.9。

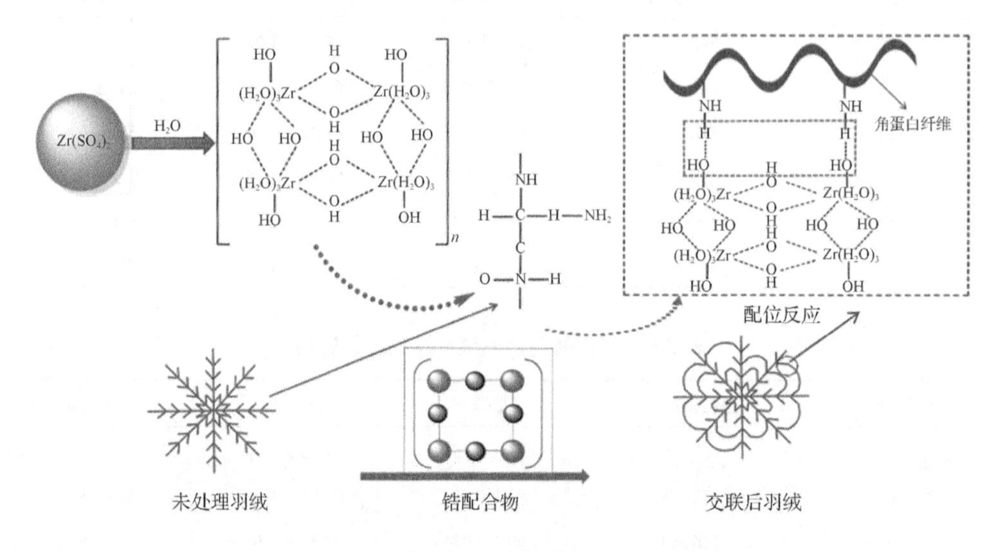

图 3.9　锆配合物与羽绒纤维的交联示意图

当继续增加锆鞣剂的用量时，羽绒纤维的蓬松度有轻微下降的趋势，这是因为过量的锆鞣剂与羽绒纤维之间发生了过度交联，对纤维造成了一定的损伤。同时，在一定质量条件下，羽绒纤维表面的活性基团数量是一定的，继续增加锆鞣剂的用量改善效果并不明显。除此之外，当锆鞣剂的用量不断增加时，羽绒纤维的残脂率出现了略微的上升，清洁度出现了略微的下降，这可能是当锆鞣剂的用量增大时，溶解不充分，部分没有被完全溶解的锆鞣剂以沉淀的形式附着在羽绒纤维上，在测定残脂率时需要用乙醚回流来萃取羽绒表面的油脂，而附着在羽绒纤维表面的锆鞣剂微溶于乙醚，导致部分锆鞣剂被当作油脂萃取出来，造成残脂率增大。同时附着在纤维上的锆鞣剂也会使羽绒纤维的清洁度降低。锆鞣剂用量的变化对羽绒纤维白度的影响较小，大体在 60%。

当浴液 pH≤4.0 时，羽绒纤维的蓬松度在 540cm^3 左右，锆鞣剂对羽绒蓬松度的改善取得了明显的效果。然而，当浴液的 pH>4.0 时，羽绒纤维的蓬松度出现了明显的下降。这与锆鞣剂本身的性质有关，锆鞣剂的沉淀点比较低，当浴液的 pH>4.0 可能达到了锆鞣剂的第二次沉淀点，从而使锆鞣剂失去交联作用，影响了改善效果。大量锆鞣剂的沉淀也势必会造成残脂率的增加和清洁度的降低。

随着处理时间的延长，羽绒纤维的蓬松度也随之提高，当处理时间为 120min 时，羽绒纤维的蓬松度相对达到最佳，继续延长时间，蓬松度变化不大。这说明，在一定范围内，羽绒纤维表面活性氨基与锆配合物交联的数量随着时间的延长而不断增加，能够明显改善羽绒蓬松度。但由于纤维表面活性基团数量是一定的，继续延长时间，产生的交联数量并不会进一步增加，改善蓬松度的效果也逐渐减弱。同时，时间的变化对羽绒纤维残脂率、清洁度和白度的影响并不明显。

在一定温度范围内，适当提高浴液温度可以改善羽绒纤维的蓬松度。当温度达到35℃时，改善的效果达到最佳。继续提高浴液的温度，羽绒纤维出现下降的趋势。原因是过高的温度破坏了羽绒纤维的结构，羽绒纤维的损伤导致了蓬松度下降。同时温度的变化对羽绒纤维的残脂率、清洁度和白度的影响并不明显。

2. 处理工艺正交试验分析

通过多指标正交试验优化处理工艺，并采用综合评分法对试验结果进行分析。将羽绒纤维各指标的重要程度转化为隶属度，并用分数表示，根据最后综合分来得到最优处理工艺。指标隶属度计算方法如式（3.1）所示。

$$\text{指标隶属度}=\frac{\text{指标值}-\text{指标最小值}}{\text{指标最大值}-\text{指标最小值}} \tag{3.1}$$

综合分数=蓬松度隶属度×0.5+残脂率隶属度×0.3+清洁度隶属度×0.2

在不考虑各单因素间交互作用的基础上，采用 L^9（3^4）正交试验确定锆鞣剂改善羽绒纤维的最佳工艺，因素水平见表3.7。锆鞣剂改善羽绒纤维工艺的正交试验结果见表3.8。

表3.7　正交试验因素水平

水平	因素			
	A/%	*B*/min	*C*	*D*/℃
1	1	90	3.0	30
2	2	120	3.5	35
3	3	150	4.0	40

注：*A* 为锆鞣剂用量；*B* 为处理时间；*C* 为pH；*D* 为温度。

表3.8　锆鞣剂改善羽绒纤维工艺的正交试验结果

试验号	*A*	*B*	*C*	*D*	蓬松度隶属度	残脂率隶属度	清洁度隶属度	综合分
1	A_1	B_1	C_1	D_1	0.64	0.00	1.00	0.52
2	A_1	B_2	C_2	D_2	0.67	0.72	0.37	0.625
3	A_1	B_3	C_3	D_3	0.60	1.00	0.00	0.60

续表

试验号	A	B	C	D	蓬松度隶属度	残脂率隶属度	清洁度隶属度	综合分
4	A_2	B_1	C_3	D_3	0.77	0.32	0.35	0.551
5	A_2	B_2	C_2	D_1	1.00	0.53	0.40	0.739
6	A_2	B_3	C_1	D_2	0.73	0.60	0.58	0.661
7	A_3	B_1	C_1	D_2	0.62	0.41	0.37	0.507
8	A_3	B_2	C_2	D_3	0.58	0.68	0.59	0.612
9	A_3	B_3	C_3	D_1	0.00	0.72	0.63	0.342
K_1	1.745	1.578	1.688	1.601				
K_2	1.951	1.976	1.974	1.793				
K_3	1.461	1.603	1.493	1.837				
k_1	0.581	0.526	0.562	0.533				
k_2	0.650	0.658	0.658	0.597				
k_3	0.478	0.534	0.497	0.612				
R	0.172	0.132	0.161	0.07				

从表 3.7 可知，锆鞣剂改善羽绒纤维蓬松度的最佳工艺为 $A_2B_2C_2D_1$，具体为锆鞣剂的用量为 2%，处理时间为 120min，pH 为 3.5，温度为 30℃。与未处理的羽绒纤维蓬松度相比，锆鞣剂处理后蓬松度提高了 21%。从表 3.8 可知，各个因素的极差 R 的大小顺序为 $A>C>B>D$，故锆鞣剂改善羽绒纤维工艺因素主次及重要性依次为锆鞣剂的用量（A）、pH（C）、处理时间（B）和温度（D）。

3. 能谱分析

根据鞣制化学理论，锆鞣剂能与羽绒纤维中的游离氨基发生交联作用形成多点氢键结合。因此，可以使用能谱分析法（EDS）测定出交联前后羽绒纤维中锆的含量变化，以此反映不同剂量的锆配合物与羽绒纤维的交联结果。

检测前应用温水多次冲洗羽绒纤维，以确保吸附在羽绒纤维表面的碱化硫酸锆不会干扰后续分析。使用不同用量的锆鞣剂处理后，羽绒纤维中主要元素的质量比见图 3.10。从图 3.10（a）可以清楚地看出，没有检测出相应的锆峰，表明未经处理的羽绒纤维中不存在锆元素。图 3.10（b）～（f）表明碱化硫酸锆的用量从 0.5%增加到 4%，锆元素在羽绒纤维中的质量比从 1.24%增加到 2.83%。显然，随着锆鞣剂用量的增加，羽绒纤维中锆元素的质量比相应增大，侧面说明了羽绒纤维的活性基团游离氨基与锆配合物的交联度有所提高，同时也说明锆鞣剂成功地改性了羽绒纤维。

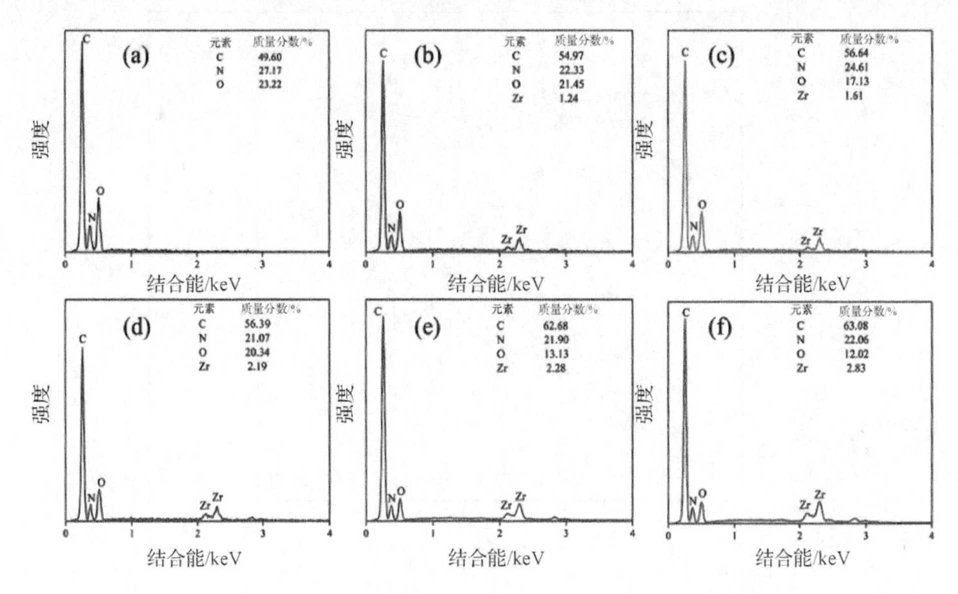

图 3.10 不同用量碱化硫酸锆处理羽绒纤维中主要元素的质量分数

（a）0%；（b）0.5%；（c）1%；（d）2%；（e）3%；（f）4%

4. 氨基含量分析

之前已经提到，锆鞣剂能与羽绒纤维的游离氨基之间发生交联作用形成多点氢键结合，从而增强羽绒分子的结合力，提高羽绒纤维的弹性。因此，通过茚三酮法对不同用量锆鞣剂处理后的羽绒纤维进行氨基含量检测，可以反映锆鞣剂与羽绒纤维之间的交联程度。氨基含量-吸光度标准曲线见图 3.11。

经不同用量的锆鞣剂处理后羽绒纤维的游离氨基含量如图 3.12 所示。从图中可以清晰地观察到，羽绒纤维上的活性氨基的数量随着锆鞣剂用量的增加出现明显的降低，说明锆鞣剂消耗了大量的游离氨基。这种现象是因为羽绒纤维的游离氨基与锆配合物之间形成的多点交联产生了氢键屏蔽效应，从而影响了羽绒纤维表面的活性氨基数量。

利用图 3.11 所得公式计算了不同用量的锆鞣剂处理后的羽绒纤维交联度，结果见表 3.9。由表可知，羽绒纤维的交联度随着锆鞣剂用量的增加而逐渐增加。但值得注意的是，锆鞣剂的用量不应超过羽绒纤维质量的 2%，否则会造成羽绒纤维过度交联，使羽绒纤维的蓬松度略有降低。

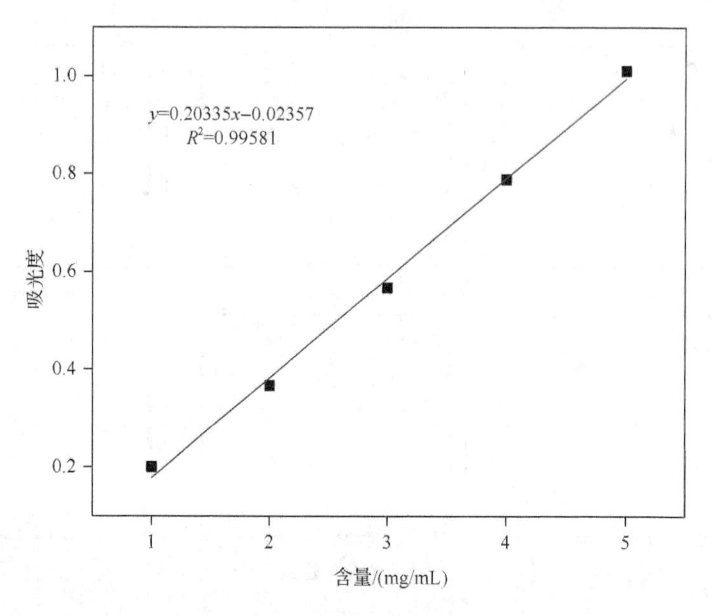

图 3.11　氨基含量-吸光度标准曲线

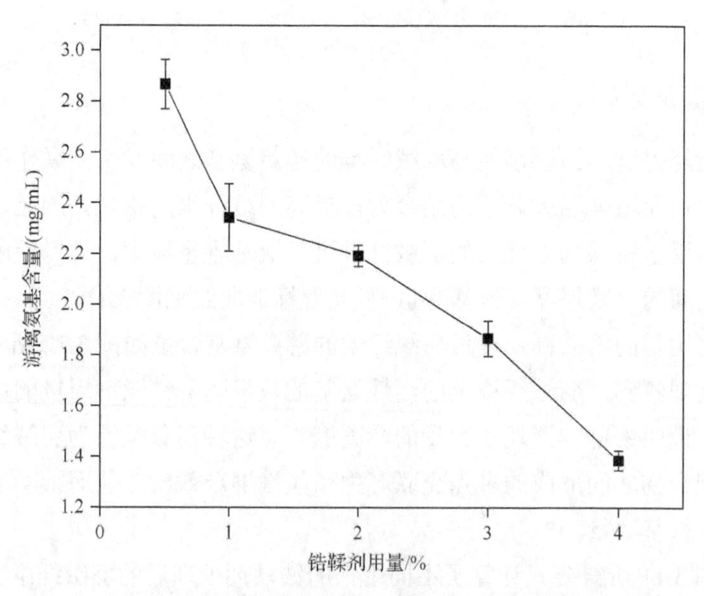

图 3.12　不同用量的锆鞣剂交联羽绒纤维的游离氨基含量曲线

表 3.9　不同用量的锆鞣剂与羽绒纤维的交联度

锆鞣剂用量/%	0	0.5	1	2	3	4
交联度/%	0	19.69	34.28	38.52	47.14	58.21

5. X 射线衍射分析

通过 X 射线衍射（XRD）分析可以直接得到蛋白质的晶体结构变化情况。不同用量锆鞣剂处理过的羽绒纤维的 X 射线衍射结果见图 3.13。

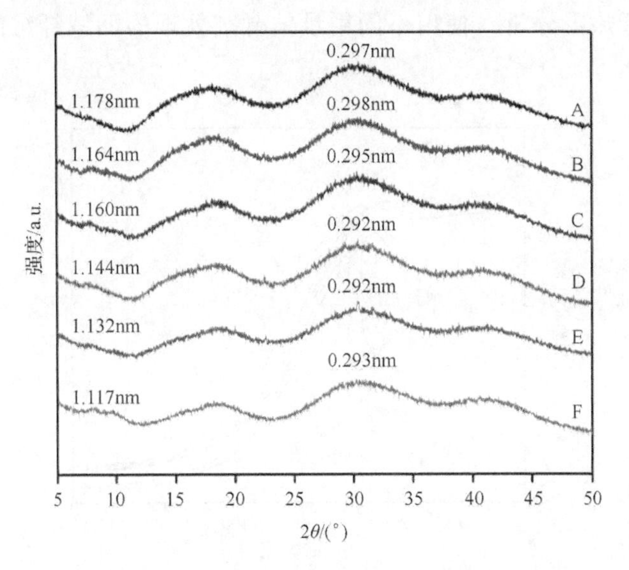

图 3.13 不同用量锆鞣剂处理羽绒纤维的 XRD 谱

A:0%；B:0.5%；C:1%；D:2%；E:3%；F:4%

在 5°～10°的衍射峰主要是通过羽绒纤维角蛋白的三个 α-链之间存在的静电和氢键的非共价作用产生的。同时，根据布拉格方程（$2d\sin\theta=\lambda$），计算了使用不同剂量的锆鞣剂（0%～4%）处理后的羽绒纤维分子轴向螺旋之间的堆叠距离，螺距分别为 1.178nm、1.164nm、1.160nm、1.144nm、1.132nm 和 1.117nm。这种变化十分微小，表明处理后羽绒纤维的结晶相在轴向螺旋中呈现出非常稳定的状态。在 30°左右的吸收峰说明存在着角蛋白分子 α-三股螺旋链间的螺旋距离，在一定程度上反映了角蛋白结构的完整性。可以看出，锆鞣剂的加入并没有破坏羽绒纤维分子之间的结构。

另一方面，天然羽绒纤维的结晶度为 18.9%，不同用量锆鞣剂处理羽绒纤维的结晶度分别为 16.3%、15.0%、12.8%、9.7%、7.8%。可以清楚地看出，随着锆鞣剂的用量增加，羽绒纤维的结晶度逐渐降低，主要原因是天然羽绒纤维的蛋白质结构比较规则，经锆鞣剂处理后羽绒纤维分子间形成不规则交联，锆鞣剂用量越大，交联越紧密，因此造成了羽绒纤维分子的结晶度逐渐降低，这与之前的能谱和氨基含量的分析结果是一致的。

6. 热重分析

之前的试验分析提到，羽绒纤维经过锆鞣剂的处理后，分子之间会形成交联，结合会更加紧密，这可能会影响羽绒的热稳定性，因此需要对处理前后的羽绒样品进行热重分析。使用不同用量锆鞣剂处理的羽绒纤维的热重结果如图 3.14 所示。

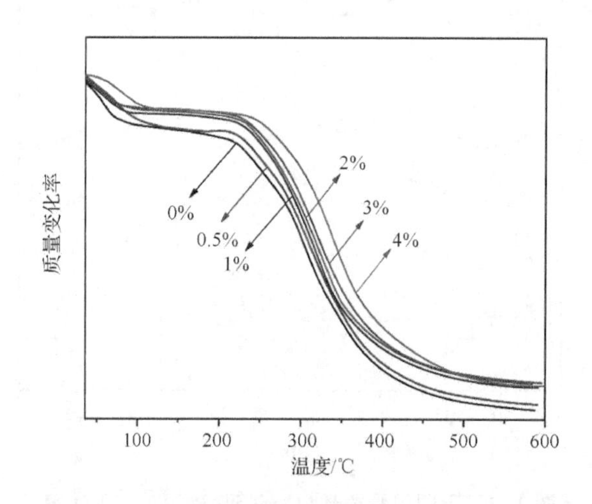

图 3.14　不同用量锆鞣剂处理羽绒纤维的热重结果

从图 3.14 中可以清晰地看到，羽绒纤维基本呈现出三步热降解的模式。第一个降解阶段为 25～100℃的加热温度范围，未经处理和锆鞣剂处理的羽绒纤维失重并不明显，这一降解阶段失重的主要原因是羽绒纤维的脱水。羽绒纤维内部的自由水分子和结合水分子蒸发，导致了羽绒样品质量的减轻。第二个降解阶段为 250～450℃的加热温度范围，可以看出在这一阶段未处理和经锆鞣剂处理的羽绒纤维的因分解和降解导致的失重现象都非常明显。在这一阶段，主要发生的是氢键裂解、包合物的降解、二硫键的断裂及氨基酸分解，伴随释放一些挥发性气体，如二氧化硫、二氧化碳、一氧化碳、硫化氢等。值得注意的是，未处理羽绒纤维的失重率要高于经过锆鞣剂处理的羽绒纤维的失重率，导致这一现象最直接的原因是锆配合物与羽绒纤维的活性氨基之间形成了多点氢键，增强了羽绒纤维分子之间的结合力，从而提高了羽绒纤维的热稳定性。同时，随着锆鞣剂用量的逐渐增加，羽绒纤维的失重率减小，说明锆配合物与羽绒纤维之间形成的多点氢键数量增多，结合也更紧密，羽绒纤维的热稳定性变强。随着温度继续升高到 450℃，这一阶段发生的变化主要是未处理和经锆鞣剂处理的羽绒纤维的碳化，两者的失重差异逐渐趋于相等。此外，图 3.14 还表明，与未经处理的羽绒纤维相比，经处理的羽绒纤维的最终残留量显著增加，这可能是因为改性羽绒中碳化后锆离子的残留。由以上观察可知，锆配合物与羽绒纤维的交联改变了羽绒纤维的蛋白质结构，使羽绒纤维的热稳定性得到了显著提高。

7. 差示扫描量热分析

羽绒纤维被加热时，角蛋白中的三股螺旋会发生分离或分散，分子链也会趋于松弛状态。根据热活化和变性过程中羽绒样品的热容，差式扫描量热分析（DSC）曲线上的峰值表示了羽绒纤维的变性温度（T_d）。当温度达到变性温度时，羽绒纤维的三股螺旋结构会开始分解，因此在 DSC 曲线中更宽的峰表明了羽绒纤维具有更强的结合力，分子结构也更加稳定。使用不同用量锆鞣剂处理羽绒纤维的 DSC 结果见图 3.15。

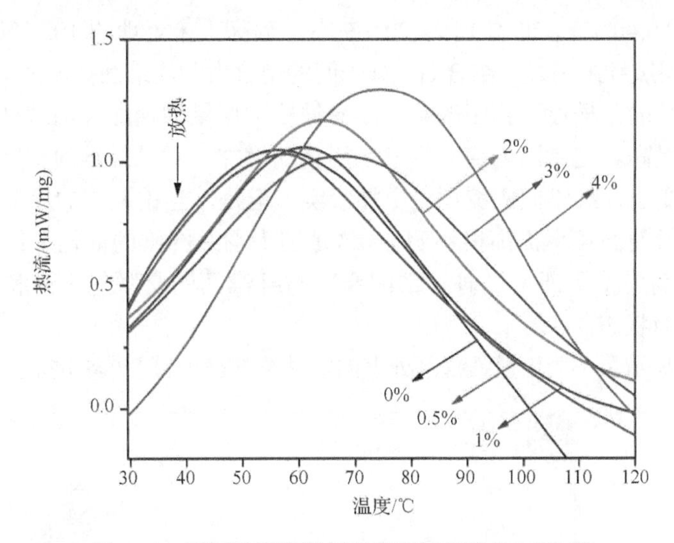

图 3.15　不同用量锆鞣剂处理羽绒纤维的 DSC 谱

从图 3.15 中可以看出，用量为 0%、0.5%、1%、2%、3%、4%的锆鞣剂处理羽绒纤维后得到的 DSC 曲线均为单峰，其 T_d 分别为 56.33℃、59.42℃、62.60℃、66.77℃、71.21℃和 76.42℃。经过锆鞣剂处理的羽绒纤维的 T_d 要高于自然状态的羽绒纤维，说明锆鞣剂处理提高了天然羽绒纤维的热稳定性，增强了羽绒分子之间的结合力。同时，随着锆鞣剂用量的增加，处理的羽绒纤维 T_d 也有着不同程度的增加，表明了羽绒纤维的交联程度越大，热稳定性越高。综上得到，羽绒纤维变性温度分析与热稳定性分析结果是一致的。

8. 羽绒纤维物理性能测试结果

不同用量锆鞣剂处理后羽绒纤维的物理性能见表 3.10。

表 3.10　羽绒纤维的物理性能

锆鞣剂用量/%	S/mm^2	L_1/mm	ΔL/mm	伸长率/%
0	0.010 ± 0.0005	0.72 ± 0.02	0.11 ± 0.01	10.53 ± 2.63
0.5	0.012 ± 0.0003	1.23 ± 0.08	0.19 ± 0.03	15.40 ± 3.21
1	0.011 ± 0.0001	0.99 ± 0.06	0.19 ± 0.03	19.01 ± 2.45
2	0.010 ± 0.0004	0.98 ± 0.05	0.21 ± 0.05	21.28 ± 2.23
3	0.011 ± 0.0002	0.79 ± 0.07	0.19 ± 0.02	24.36 ± 2.20
4	0.010 ± 0.0003	1.33 ± 0.06	0.33 ± 0.06	24.90 ± 3.47

注：S 为羽绒纤维的横截面积；L_1 为初始纤维长度；ΔL 为纤维长度变化。

从表 3.10 中可以看出，羽绒纤维的横截面积（S）均为 0.010mm^2 左右，这表明锆鞣剂的加入对羽绒纤维的横截面积没有明显的影响。处理后的羽绒纤维的断裂伸长率从 15.40%左右提高到 24.90%左右，远高于未处理的 10.53%左右。原因是锆鞣剂与羽绒纤维间发生结合后，分子间的结合力和收缩回弹能力得到增强，从而使羽绒纤维的蓬松度得到了改善。随着锆鞣剂用量的增加，羽绒纤维的断裂伸长率也随之提高。这是因为随着锆鞣剂用量的增加，羽绒纤维的交联度增大，纤维间的间隙变小，纤维间的编织也更加紧实。但是，当锆鞣剂的用量超过 2%时，羽绒纤维的断裂伸长率提高得不明显，这是因为羽绒纤维的活性基团数量是一定的，当锆鞣剂用量不断增加时，锆配合物与纤维间的交联趋于饱和，甚至达到了交联过度的状态。

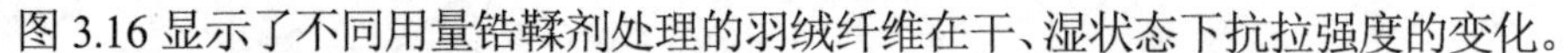
图 3.16 显示了不同用量锆鞣剂处理的羽绒纤维在干、湿状态下抗拉强度的变化。

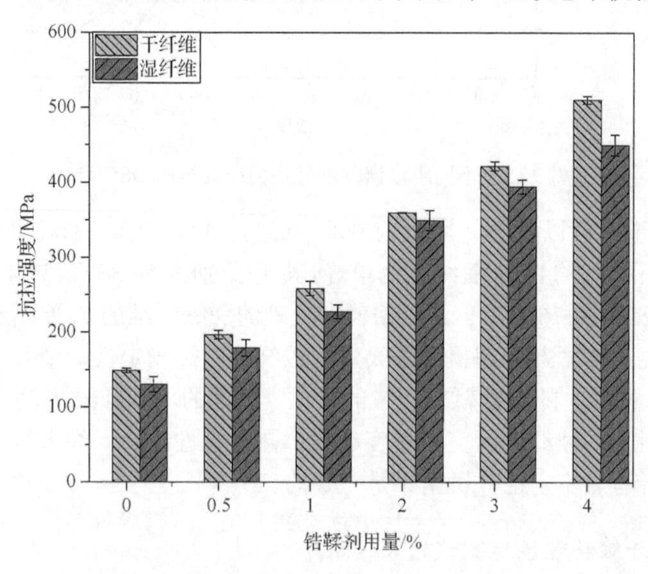

图 3.16　不同用量锆鞣剂处理的羽绒纤维在干、湿状态下的抗拉强度

从图 3.16 中可以看出，在干、湿状态下，羽绒纤维的抗拉强度都随着锆鞣剂用量的增加而提高。这是因为锆配合物与羽绒纤维的活性氨基形成了交联，羽绒纤维之间的分子结合更加紧密，因此纤维的抗拉强度逐渐增强，这与断裂伸长率的结论分析是一致的。值得注意的是，羽绒纤维在干燥状态下比在湿润状态下的抗拉强度要大，这可能是因为羽绒纤维干燥后，其非晶区链段连接点被拆开，同时增加了受力分子的数量，所以增强了纤维的强度。另外，根据蛋白质纤维的吸湿机理，当羽绒纤维吸收水分子后会发生膨胀使纤维中的大分子变得不均匀，大分子链间的相互作用力减弱，发生滑移，纤维间的空隙增大，因此导致了纤维分子间的结合力降低，从而抗拉强度降低。

9. 不同种类的蓬松剂用量对羽绒蓬松度的影响

分别观察了锆鞣剂、铝鞣剂和戊二醛的用量对羽绒纤维蓬松度的影响，结果见图 3.17。

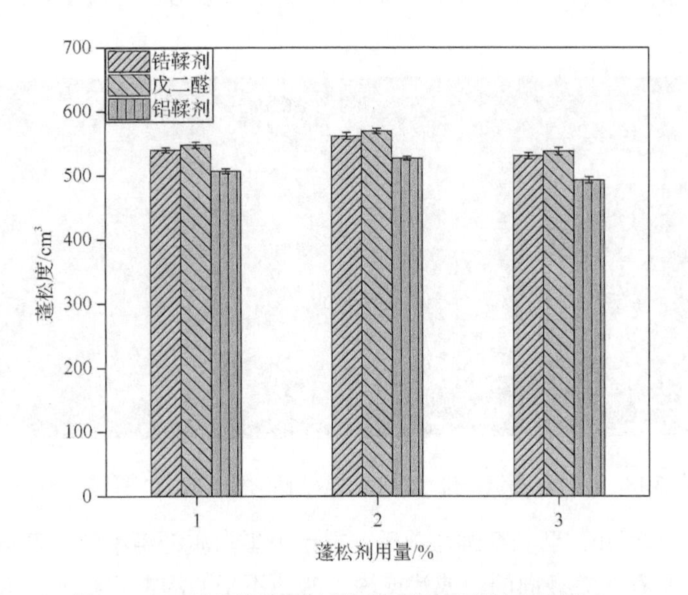

图 3.17　不同种类的蓬松剂用量对羽绒蓬松度的影响

从图 3.17 中可以看出，在一定范围内，随着蓬松剂用量的增加，羽绒纤维的蓬松度都得到不同程度的改善。

戊二醛中的醛基与羽绒纤维的活性氨基可以形成稳定的共价键，从而增强羽绒纤维分子之间的结合力。在宏观性能上表现为可以使羽绒纤维具有更强的弹性，蓬松效果最好；锆鞣剂在溶液中会形成以羟基为桥的四聚体，四聚体与四聚体之间又会继续配聚成分子量更大、更复杂的锆配合物，锆配合物会与羽绒纤维上的活性氨基形成氢键。虽然氢键连接本身很弱，但高配位数的锆配合物与羽绒纤维之间形成大量氢键结合，提供了较大的支撑力，从而体现出了一定的蓬松效果。由图 3.17 可知，戊二醛处理后的羽绒蓬松度比锆鞣剂大，说明羽绒纤维间的共价键比氢键结合力强；铝鞣剂可以与羽绒纤维之间进行单羧基配位。由于相邻肽链之间形成的交联较少，因此铝配合物分子对羽绒纤维结构影响不大，蓬松效果不明显。

虽然采用醛鞣剂处理羽绒纤维可以有效地提高羽绒纤维的蓬松度，但是醛基的引入可能会引起环境和健康问题。另外，经醛鞣剂处理后的羽绒纤维颜色易发黄，会严重影响羽绒纤维的质量。相反，采用清洁的锆鞣剂作为羽绒纤维的蓬松剂，可避免环境和质量问题，其蓬松性能也与醛鞣剂相近，是更好的选择。

10. 扫描-能谱电镜分析

使用扫描电子显微镜对交联前后的羽绒纤维形态进行观察，结果如图 3.18 所示。

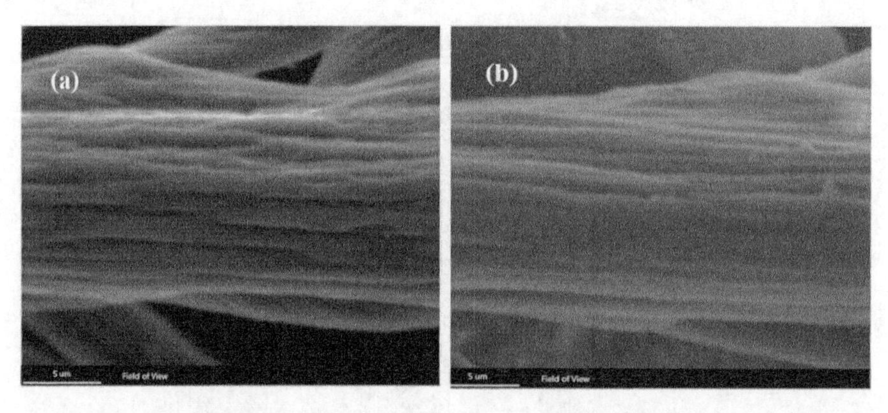

图 3.18　未处理羽绒纤维（a）和 2%锆鞣剂处理的羽绒纤维（b）形态

由图 3.18 可知，羽绒纤维与羊毛、蚕丝等蛋白质纤维不同，表面没有明显的鳞片层，而是存在着径向的、或浅或深、凹凸不平的沟壑状纹理。除此之外，还可以看到交联前后羽绒纤维的形态未发生明显改变，这说明锆配合物与羽绒活性基团的交联不会对羽绒纤维表面造成损伤。

同时，对 2%锆鞣剂处理的羽绒纤维进行了能谱分析。在进行能谱分析前，用温水多次对羽绒纤维进行清洗来除掉附着在纤维表面的锆离子，其结果如图 3.19 所示。

由图 3.19 可以清楚地看到，锆配合物与纤维的活性基团交联后，锆离子平均分布在羽绒纤维内部。这也直接地说明了锆配合物与羽绒活性基团的成功交联。

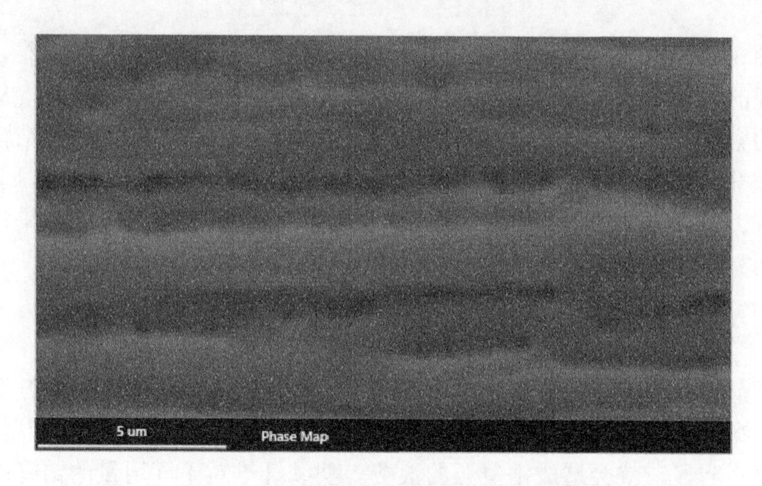

图 3.19　2%锆鞣剂处理的羽绒纤维能谱

11. 染色评估

羽绒纤维作为一种天然的蛋白质纤维，具有轻盈、保暖等优良特点，深受消费者的喜爱。当前，随着时尚潮流的发展，消费者对羽绒服的消费需求也呈现出个性化的特点，“彩色羽绒”应运而生。“彩色羽绒”打破了羽绒纤维颜色只有灰色与白色的传统观念，为羽绒服市场的突破创新提供了动力。

使用阴离子染料对未处理、经脱脂和经锆鞣剂处理的羽绒纤维进行染色，并采用超景深显微镜对羽绒纤维的表面进行观察，其结果如图 3.20 所示。

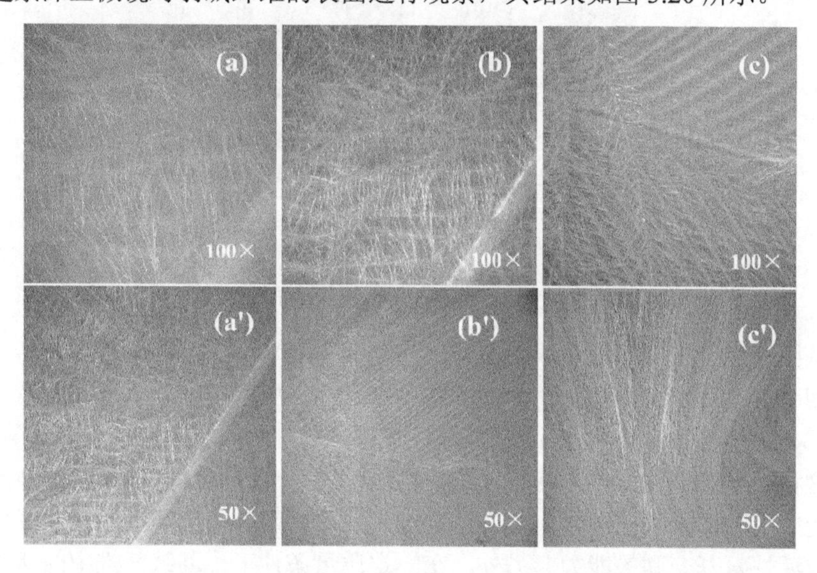

图 3.20　未处理的羽绒纤维（a, a'）、脱脂后的羽绒纤维（b, b'）和锆鞣剂处理的羽绒纤维（c, c'）的超景深显微镜照片

由图 3.20 可知，脱脂后的羽绒纤维染色效果好于未处理的羽绒纤维，这是因为未处理的羽绒纤维表面存在油脂层，阻碍了染料进一步的渗透结合，从而影响了纤维的染色性能。与未处理和脱脂后的羽绒纤维染色效果相比，用锆鞣剂处理过的羽绒纤维具有更好的染色性能，这可能是因为经过锆鞣剂处理后，羽绒纤维表面带有大量的阳离子电荷，对阴离子染料有较强的亲和性，可以与染料渗透结合得更加充分，所以染色性能更加优良。

12. 锆鞣剂的吸收效率分析

锆鞣剂的吸收效率对于调节锆鞣剂的用量是非常重要的。若用量过低，吸收效率低，就会导致羽绒纤维交联不充分，影响纤维最终的蓬松效果；若用量过高，吸收效率不明显，就会造成锆资源的浪费。羽绒纤维对不同用量的锆鞣剂的吸收效率见图 3.21。

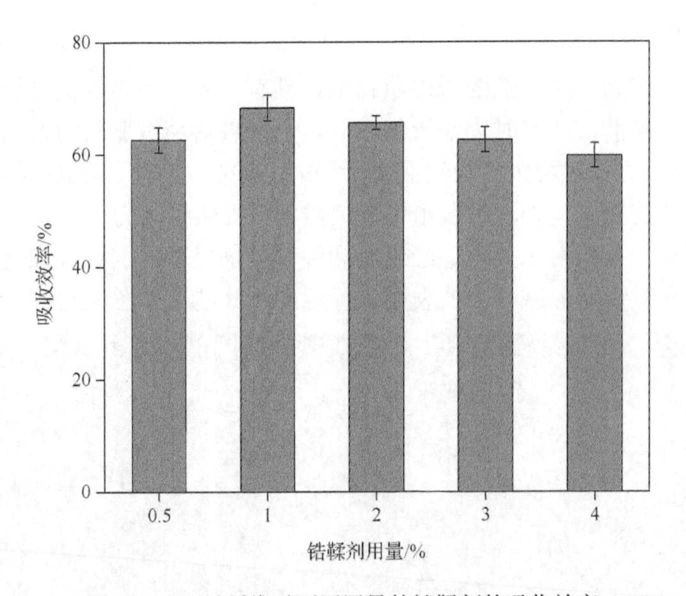

图 3.21　羽绒纤维对不同用量的锆鞣剂的吸收效率

从图 3.21 中可以看出，羽绒纤维对于锆鞣剂的吸收效率在 60%～69%。当锆鞣剂用量为羽绒纤维质量的 1%时，羽绒纤维对锆鞣剂的吸收效率最高，达到 68.31%。继续增加锆鞣剂的用量，羽绒纤维对锆鞣剂的吸收效率出现降低的趋势。出现这种现象的原因可能是使用过量的锆鞣剂进行交联时，浴液具有强烈的收敛性，造成羽绒纤维表面与锆配合物结合过快，从而影响了锆鞣剂继续渗入羽绒纤维并与活性氨基交联的能力。另外，在一定质量条件下，羽绒纤维中的活性氨基数量是有限的，因此继续加大碱化硫酸锆的用量也是对锆资源的一种浪费。

13. 第三方评价检测分析

为了客观评估锆鞣剂提升羽绒纤维蓬松度的实际效果，将未处理的羽绒纤维和 2%锆鞣剂处理的羽绒纤维样品送到第三方纺织权威检测机构——中国纺织工业联合会检测中心进行蓬松度测试。结果显示，未处理的羽绒纤维蓬松度为18.2cm（注：由于结果的表示方法不同，cm 与 cm^3 之间的转换常数 R=26.77），2%锆鞣剂处理的羽绒纤维蓬松度为 21.7cm，与未处理的羽绒纤维相比，提高了 19.23%，说明锆鞣剂作为羽绒纤维的蓬松剂来改善羽绒纤维的蓬松度效果是明显的、可行的。

本节主要对锆鞣剂处理羽绒纤维的工艺参数进行了优化，通过单因素优化和正交试验分析得到了锆鞣剂作为羽绒交联剂提高羽绒纤维蓬松度的最佳工艺参数。即当锆鞣剂的用量为 2%，处理时间为 120min，pH 为 3.5，温度为 30℃时，羽绒纤维的蓬松效果最佳。与未处理的羽绒纤维相比，在最佳工艺下处理的羽绒蓬松度提高了 21%。并通过 X 射线衍射分析、热重分析、差示扫描量热分析、氨基含量分析、扫描电子显微镜和超景深显微镜对锆鞣剂处理前后的羽绒纤维进行结构和形貌分析。除此之外，对锆鞣剂的使用效率进行了测定，其中当锆鞣剂的用量为 1%时，使用效率最高为 68.31%。

3.3　多酶协同改善羽绒蓬松度

3.1 节和 3.2 节使用皮革铝鞣剂和锆鞣剂作为蓬松剂对羽绒纤维进行交联处理，以此提高羽绒蓬松度。结果显示，铝鞣剂的改善效果有限，而锆鞣剂的处理效果比较明显。虽然锆/铝鞣剂及其制品对环境危害小，但国际出口贸易规则日趋严格，今后可能限制羽绒制品中金属离子的使用。为了规避这种风险，需要开发更为清洁、高效的生物质交联剂。

谷氨酰胺转氨酶（TGase），又称转谷氨酰胺酶，是一种清洁、高效、理想的生物质交联剂，具有高效、清洁、反应条件温和等特点。谷氨酰胺转氨酶可以在蛋白纤维分子内或分子间形成交联，改变纤维的空间结构，增强羽绒纤维分子内或分子间的结合力，宏观表现为羽绒纤维弹性的提高，进而可以改善羽绒纤维的蓬松度。TGase 能高效地催化亲核反应，使蛋白质分子内或分子间形成共价交联。这种共价键作用力强，在保持蛋白质稳定的同时改善蛋白质的弹性，目前被广泛应用在纺织、食品等领域。

TGase 作为一种高效的酶制剂，可以催化具备伯胺和谷氨酰胺的蛋白质发生酰胺基转移反应，在纤维内发生分子内或分子间的交联，形成 ε-（γ-谷氨酰胺）

赖氨酸键，这种化学键作用力较强，可以使蛋白质分子更加紧密地结合，从而使纤维分子内或分子间的结合力增强，在宏观上表现为蛋白织物的弹性得到提高。在纺织领域，TGase 最常应用于修复染色后的羊毛纤维。染色前的羊毛纤维需要经过洗涤和酶处理等前处理操作，这些操作会对羊毛纤维的断裂强度和弹性造成一定程度的损伤。利用 TGase 催化交联的特性，可以使处理后的羊毛纤维在分子内或分子间形成牢固的共价键，从而让因化学或酶作用受到损伤的羊毛纤维在弹性性能、防缩性能、断裂强度和亲水性等方面得到明显的改善。

TGase 可以催化以下三种类型的生物化学反应的发生，其中作用在羊绒、羽绒纤维上的主要反应有：（a）催化蛋白质肽键上的谷氨酰胺残基与有机伯胺作用，发生酰基转移反应；（b）当存在 ε-赖氨酸的氨基时，则催化蛋白质分子发生交联作用；（c）当不存在酰胺基的接收体时，发生脱酰胺反应。主要反应机理见图 3.22。

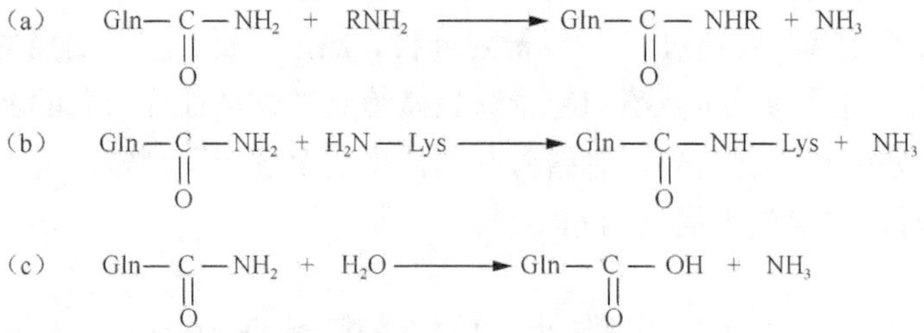

$$\text{(a)}\quad \text{Gln—}\underset{\underset{\text{O}}{\|}}{\text{C}}\text{—NH}_2 + \text{RNH}_2 \longrightarrow \text{Gln—}\underset{\underset{\text{O}}{\|}}{\text{C}}\text{—NHR} + \text{NH}_3$$

$$\text{(b)}\quad \text{Gln—}\underset{\underset{\text{O}}{\|}}{\text{C}}\text{—NH}_2 + \text{H}_2\text{N—Lys} \longrightarrow \text{Gln—}\underset{\underset{\text{O}}{\|}}{\text{C}}\text{—NH—Lys} + \text{NH}_3$$

$$\text{(c)}\quad \text{Gln—}\underset{\underset{\text{O}}{\|}}{\text{C}}\text{—NH}_2 + \text{H}_2\text{O} \longrightarrow \text{Gln—}\underset{\underset{\text{O}}{\|}}{\text{C}}\text{—OH} + \text{NH}_3$$

图 3.22　谷氨酰胺转氨酶在羊绒、羽绒纤维上的主要反应机理

3.3.1　加工工艺

多酶协同改善羽绒蓬松度的加工技术主要指交联酶 TGase 和木瓜蛋白酶协同处理羽绒纤维的加工工序。在羽绒的处理过程中，交联酶 TGase 和木瓜蛋白酶的性能及反应条件共同决定了处理后羽绒蓬松的效果。因此为了使处理后的羽绒纤维达到最好的蓬松状态，对整个处理工艺中的反应条件进行了优化，以获得最佳的处理工艺参数。具体的反应条件包括 TGase 的用量、木瓜蛋白酶的用量、处理时间、pH 及温度等。具体处理工艺见表 3.11。

表 3.11　羽绒（含绒量 90%的鸭绒）处理工艺

工序	材料	液比	用量/%	温度/℃	时间/min	pH
水洗	水	1∶40		35	20×3	
脱脂	水	1∶30				
	脱脂剂		2.0	40	60	

续表

工序	材料	液比	用量/%	温度/℃	时间/min	pH
氧化	水	1∶20				
	H_2O_2		1.5	30	30	
水洗	水	1∶40		35	20×3	
软化	水	1∶30				
	木瓜蛋白酶		X_1	40	30	6.0
酸化	稀硫酸		0.5	25	20	3.0
交联	水	1∶20				
	谷氨酰胺转氨酶		X_2	40	120	6.0
碱洗	水	1∶30				
	碳酸氢钠		0.05	40	20×3	7.5
甩干						
烘干						
冷却						
打包						

注：（1）液比是羽绒与水的质量比。
（2）工艺表中化料用量是化料占羽绒纤维的质量分数。
（3）“X_i”表示待优化的变量。

3.3.2　酶制剂对羽绒性能的影响

1. TGase 的用量对羽绒蓬松度的影响

生物质交联剂 TGase 的用量是影响羽绒纤维蓬松度最重要的因素之一。若 TGase 的用量过少，则对羽绒纤维蓬松度的改善效果不明显；若用量过多，羽绒纤维的蓬松效果不会再大幅度提高，对原料资源是一种浪费。过量使用 TGase 还可能使羽绒纤维发生过度交联，导致蓬松度下降。因此，对 TGase 的用量与羽绒蓬松度之间的关系进行了考察，试验结果见图 3.23。

由图 3.23 可知，与未处理的羽绒样品相比，经过 TGase 处理的羽绒纤维蓬松度均得到不同程度的改善。在一定范围内，随着交联酶用量的增加，羽绒纤维的蓬松度也随之提高。当交联酶的用量为 40U/g 时，羽绒纤维的蓬松度最高，与未处理的羽绒相比提高了 22%。这是因为 TGase 可以催化蛋白质内部的伯胺和谷氨酰胺发生酰胺基转移反应，在羽绒纤维上发生分子内或分子间的交联，从而在纤维之间架起桥梁，增强羽绒纤维分子之间的结合力，在宏观上表现为羽绒纤维的弹性增强和蓬松度提高。

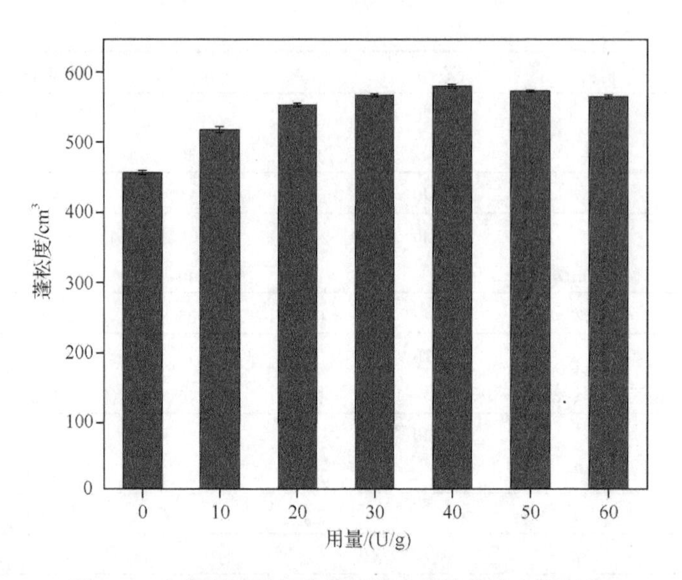

图 3.23　谷氨酰胺转氨酶的用量对羽绒蓬松度的影响

其交联示意图见图 3.24。然而，继续增加 TGase 的用量羽绒纤维的蓬松度会出现略微下降的趋势。主要原因是过量使用 TGase 会造成羽绒纤维表面发生过度交联，对纤维造成损伤，羽绒纤维的蓬松度下降，并且一定质量内的羽绒纤维的活性基团的数量也是一定的，继续增加交联酶的用量，对蓬松度的改善效果十分有限。因此，根据处理后的实际蓬松效果，选择 TGase 的用量为 40U/g。

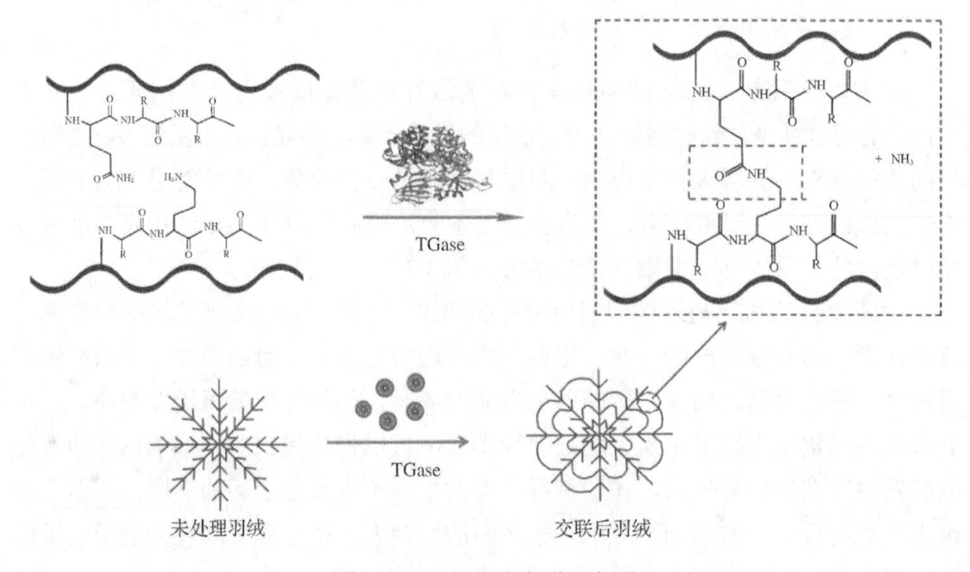

图 3.24　羽绒纤维交联示意图

2. 温度对羽绒蓬松度的影响

温度主要是通过影响TGase的活性改善效果。对温度与羽绒蓬松度之间的关系进行了考察，结果见图3.25。

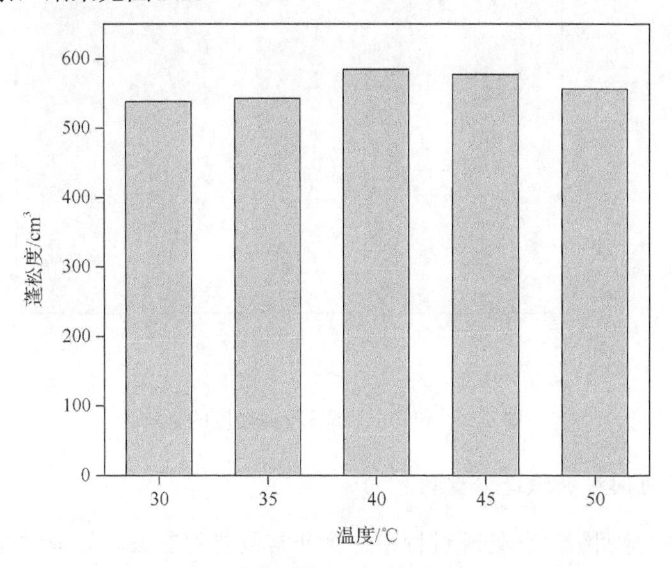

图3.25　温度对羽绒纤维蓬松度的影响

在一定范围内，羽绒纤维的蓬松度随着温度的升高而增加。这可能是因为随着温度的升高，TGase的活性增强，加大了与羽绒纤维之间的交联作用，羽绒纤维的蓬松度得到提高。当温度达到40℃时，羽绒纤维的蓬松度达到最高。继续升温，羽绒的蓬松度出现略微下降的趋势。值得注意的是，相关文献表明，TGase的最适温度为50℃左右，出现这种差异的原因可能是过高的温度破坏了羽绒纤维的结构。由于纤维结构的损伤，即使在酶的作用下也无法得到很好的蓬松效果。因此，在处理羽绒纤维的工艺中对温度的把控是十分重要的。

3. pH对羽绒蓬松度的影响

图3.26显示了不同pH对羽绒纤维蓬松度的影响。

从图3.26中可以看出，pH对羽绒纤维蓬松度影响并不是十分明显，不同pH下羽绒蓬松度相差并不是很大。TGase的最适pH在5～8，在这个范围内，具有较强的活性。结果还显示，当pH为6时，羽绒纤维的蓬松度最高。由于羽绒纤维耐酸不耐碱，当pH≥8时，羽绒纤维可能受到一定的损伤，因此出现了蓬松度下降的趋势。可见，pH在5～7对改善羽绒蓬松度均具有一定的效果。

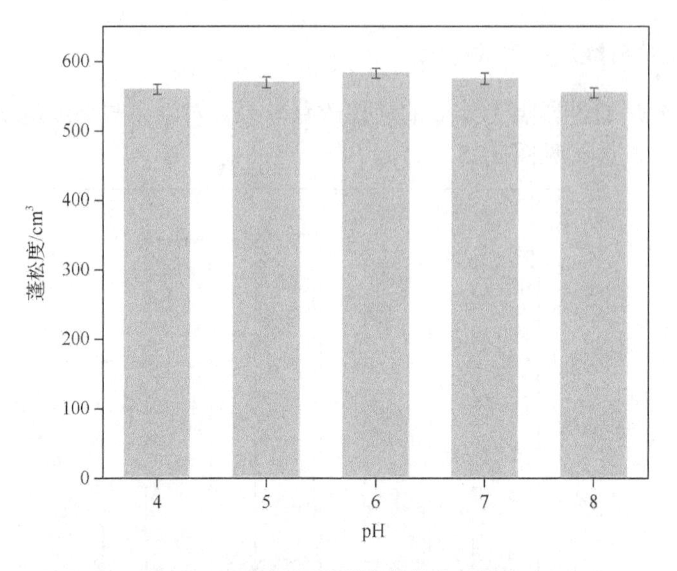

图 3.26　pH 对羽绒纤维蓬松度的影响

4. 处理时间对羽绒蓬松度的影响

处理时间是羽绒工艺处理过程中一个非常重要的参数。处理时间过短可能导致 TGase 不能充分催化羽绒纤维，从而影响蓬松效果；处理时间过长会增加实际生产中的时间成本，影响企业的工作效率。因此本工艺对处理时间进行了优化，结果见图 3.27。

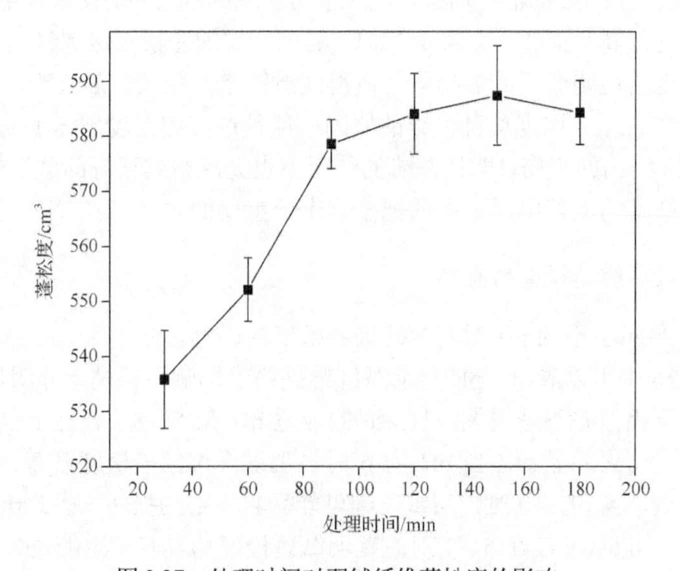

图 3.27　处理时间对羽绒纤维蓬松度的影响

从图3.27中可以看出，在一定范围内，延长处理时间时对羽绒蓬松度的提升效果十分明显。这可能是因为随着时间的增加，TGase催化羽绒纤维分子内的交联效率逐渐增强，所以蓬松效果逐渐提高。当处理时间达到120min后，羽绒纤维的蓬松度得到明显的改善，继续延长时间，蓬松效果变化不大。这可能是因为羽绒纤维表面参与反应的活性基团的数量是一定的，继续延长时间效果并不明显。因此从节约时间，提高企业的工作效率的角度来讲，将处理时间定为120min。

5. 多酶协同处理对羽绒纤维性能的影响

在确定单独使用TGase最优条件的基础上，以蓬松度为主要指标，残脂率、清洁度、白度等为次要指标，采用多酶协同的方法处理羽绒纤维，优化木瓜蛋白酶和TGase之间的用量，使羽绒纤维的性能达到最佳状态，结果见表3.12。

表3.12　多酶协同处理对羽绒纤维性能的影响

木瓜蛋白酶用量：TGase用量	蓬松度/cm^3	残脂率/%	白度/%	清洁度/mm
1∶20	565 ± 4	0.83 ± 0.043	61.34 ± 4.38	610 ± 10
1∶10	575 ± 5	0.78 ± 0.027	59.82 ± 3.25	595 ± 5
1∶8	560 ± 6	0.82 ± 0.035	61.56 ± 1.95	590 ± 5
1∶5	540 ± 3	0.81 ± 0.056	58.66 ± 4.21	590 ± 5
1∶4	510 ± 8	0.76 ± 0.064	59.68 ± 3.52	580 ± 5
1∶2	420 ± 4	0.79 ± 0.072	57.45 ± 4.37	560 ± 5

注：具体的用量是在TGase 40U/g的基础上计算。

从表3.12中可以看出，随着木瓜蛋白酶用量的增加，羽绒纤维的蓬松度得到了一定程度的提高。这是因为木瓜蛋白酶可以使羽绒纤维的肽键发生轻微水解，松散羽绒纤维结构，增加TGase与羽绒纤维的接触，同时暴露更多活性基团，提升了交联酶的催化效率。TGase的加入使羽绒纤维充分发生分子内或分子间的交联，提高了羽绒纤维的结合力，在宏观表现为羽绒纤维的弹性得到提高。可见，在木瓜蛋白酶与TGase的协同作用下，羽绒内部发生水解和交联反应，增强了羽绒纤维分子间的结合作用，增强了羽绒纤维的结合力，从而提高了羽绒纤维的蓬松度。当木瓜蛋白酶与TGase之间的用量比为1∶10时，羽绒纤维的蓬松度达到最佳，与未处理的羽绒相比提高了26%左右，与单独使用TGase处理相比提高了4%，改善效果明显。继续提高木瓜蛋白酶的用量，羽绒纤维蓬松度出现下降的趋势，当用量为1∶2时，羽绒纤维的蓬松度从最佳状态的575cm^3左右降到了420cm^3左右，效果大大降低。直接的原因可能是随着木瓜蛋白酶用量的增加，羽绒纤维发生了过度水解，造成了多肽骨架降解，大量的肽键断裂，严重破坏了羽绒纤维的结构，使羽绒纤维受到了严重的损伤。因此，在使用多酶协同处理时，要严控软化酶的用量，使羽绒纤维产生适度的水解即可。一旦软化酶使用过量，将会对羽绒纤维造成不可逆转的严重损伤。根据羽绒纤维蓬松度的实际效果，建议木瓜蛋白酶与 TGase 之间的用量比为 1∶10，即木瓜蛋白酶的用量为 4U/g，TGase 为 40U/g。

木瓜蛋白酶与 TGase 之间的用量比对羽绒纤维的残脂率和白度影响不大，但随着木瓜蛋白酶用量的增加，羽绒纤维的清洁度出现了下降。原因可能是大量酶制剂附着在羽绒纤维的表面，造成了清洁度的下降。

6. 羽绒纤维表面形态分析

图 3.28 分别为未处理羽绒纤维、木瓜蛋白酶处理的羽绒纤维和多酶协同处理的羽绒纤维放大 5000 倍的形态图。

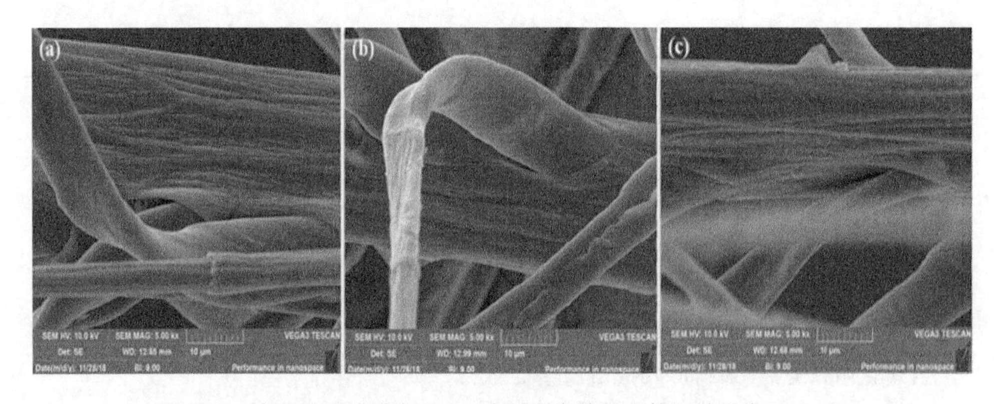

图 3.28　未处理羽绒纤维（a）、木瓜蛋白酶处理的羽绒纤维（b）和多酶协同处理羽绒纤维（c）形态

从图 3.28 中可以看出，未处理的羽绒纤维表面具有凹凸不平的沟壑状纹理；木瓜蛋白酶软化后的羽绒纤维表面出现了明显的裂纹，说明其对羽绒纤维造成了一定的损伤；多酶协同处理的羽绒纤维表面未见明显的损伤。这说明了 TGase 对羽绒纤维的交联作用可以一定程度上修复纤维表面的裂纹与损伤。

7. 氨基含量分析

TGase 可以催化羽绒纤维分子伯胺和谷氨酰胺发生酰胺基转移反应，反应前后氨基的含量会发生轻微变化。同时经过木瓜蛋白酶适当的水解后，羽绒纤维内部的分子链也会打开，暴露出更多的活性基团。因此，可以对通过不同处理方式得到的羽绒纤维进行氨基含量测定，分析纤维内部的交联情况。图 3.29 显示了通过不同处理方式得到的羽绒纤维内部的氨基含量变化情况。

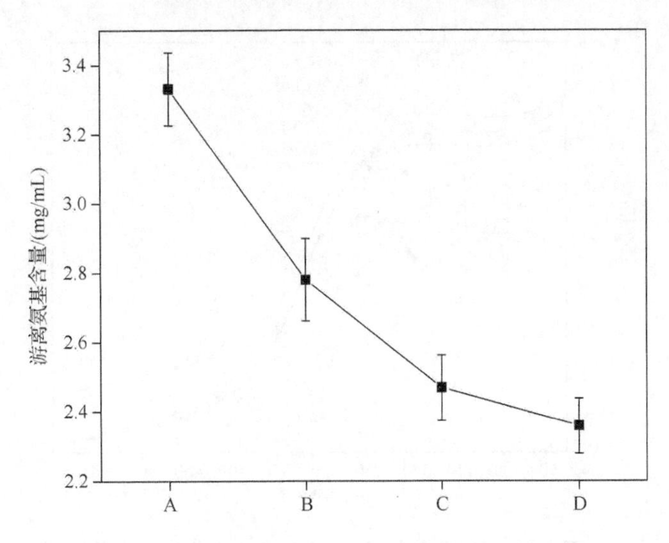

图 3.29　木瓜蛋白酶处理的羽绒纤维（A）、未处理的羽绒纤维（B）、多酶协同处理的羽绒纤维（C）和 TGase 处理的羽绒纤维（D）游离氨基含量曲线

从图 3.29 中可以看出，软化酶处理后的羽绒纤维氨基含量最高。这主要是因为当羽绒受到木瓜蛋白酶作用时，会发生轻度水解，分子链会被打开，两端暴露出大量的活性基团，使羽绒纤维柔软松散，所以氨基含量得到了提高。然而，TGase 催化羽绒纤维交联，会消耗一定量的活性氨基团，因此氨基含量又出现下降的趋势。

8. 热重分析

羽绒纤维经过酶制剂处理后，纤维分子的内部结构会发生变化，分子间结合力也会相应改变，从而影响羽绒纤维的热稳定性。因此需要对处理前后的羽绒样品进行热重分析，测试结果如图 3.30 所示。

从图 3.30 中可以清晰地看到，羽绒纤维基本呈现出三步热降解的模式。第一个降解阶段为 25～100℃的加热温度范围，羽绒纤维失重并不明显，这一降解阶段失重的主要原因是羽绒纤维的脱水。羽绒纤维内部的自由水分子和结合水分子蒸发，导致了羽绒样品质量的减轻。第二个降解阶段为 250～450℃的加热温度范围，可以看出在这一阶段未经处理和经不同酶制剂处理的羽绒纤维因分解和降解导致的失重现象都非常明显。在这一阶段，主要发生的是氢键裂解、包合物的降解、二硫键的断裂及氨基酸分解，伴随释放一些挥发性气体，如二氧化硫、二氧化碳、一氧化碳、硫化氢等。值得注意的是，经过多酶协同处理的羽绒纤维的失重率要小于其他样品。出现这一现象最直接的原因是经酶处理的羽绒纤维分子之间的结合力更强，热稳定性也就更强。经过蛋白酶处理的羽绒纤维失重最为明显，

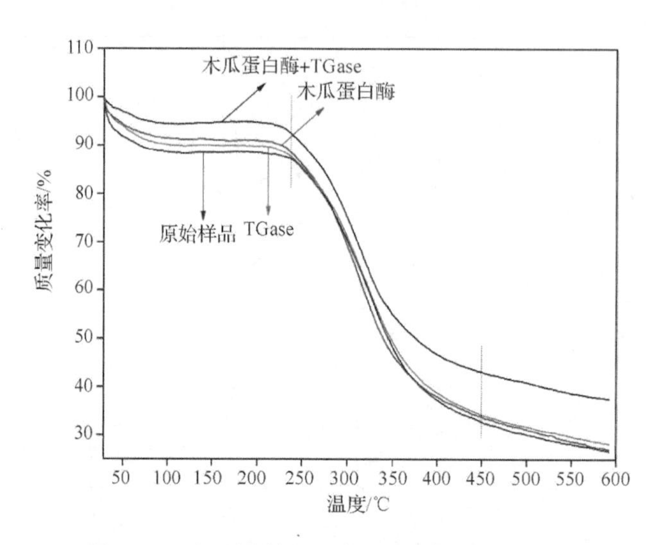

图 3.30　不同酶制剂处理的羽绒纤维的热重结果

这是因为水解后羽绒纤维的结构遭到了破坏，分子间的结合力减弱，所以热稳定性降低。随着温度继续升高到 450℃，这一阶段发生的变化主要是未处理和经锆鞣剂处理的羽绒纤维的碳化，两者的失重差异逐渐趋于相等。由以上观察可知，不同酶制剂的处理改变了羽绒纤维的蛋白质结构，使羽绒纤维的热稳定性发生了改变。

9. *差示扫描量热分析*

采用差示扫描量热分析未处理羽绒、软化后的羽绒、TGase 处理的羽绒和多酶协同处理的羽绒纤维的变性温度（T_d）及热稳定性。羽绒纤维被加热时，角蛋白中的三股螺旋会发生分离或分散，分子链趋于松弛。热活化和变性过程中羽绒样品的 DSC 曲线上的峰值表示了羽绒纤维的变性温度。当温度达到变性温度时，羽绒纤维的三股螺旋结构会开始发生分解，因此在 DSC 曲线中更宽的峰表明了羽绒纤维具有更强的结合力，分子结构也更加稳定。使用不同酶制剂处理羽绒纤维的 DSC 曲线见图 3.31。

从图 3.31 中可以看出，木瓜蛋白酶处理、未处理、TGase 处理和多酶协同处理后得到的羽绒纤维 DSC 曲线均为单峰，其 T_d 分别为 53.72℃、62.33℃、68.54℃和 77.36℃。经过木瓜蛋白酶处理后的羽绒纤维的 T_d 低于其他三种，说明木瓜蛋白酶处理后降低了纤维的热稳定性，直接原因是木瓜蛋白酶使羽绒纤维的肽键发生水解，分子之间的结合力大大降低。同时，与 TGase 处理的羽绒相比，多酶协同处理的羽绒热稳定性更强，可能是蛋白酶的前处理增加了 TGase 与羽绒纤维的接触作用，提高了酶催化的效率，同时轻微的水解为交联提供了反应基团，因此

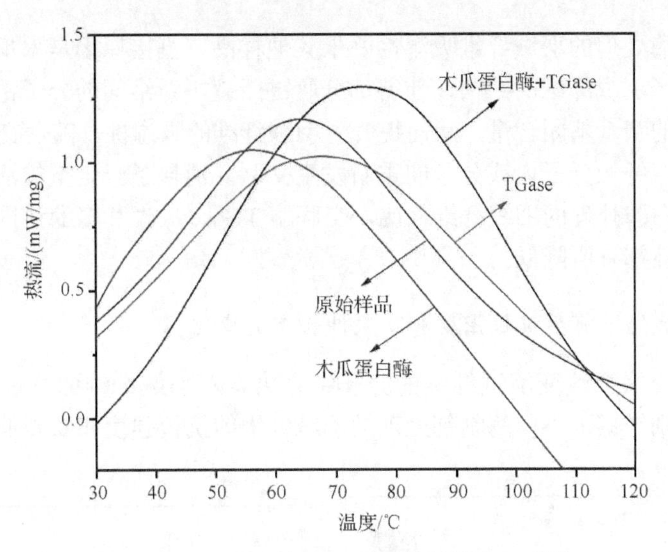

图 3.31 不同酶制剂处理的羽绒纤维 DSC 曲线

协同处理的羽绒纤维分子之间的结合力更强，连接更加牢固，纤维的弹性更强。综上，羽绒纤维变性温度分析与热稳定性分析结果是一致的。

10. 羽绒纤维处理前后吸湿性分析

使用不同酶制剂处理羽绒纤维，不同时间下的吸湿性能见图 3.32。

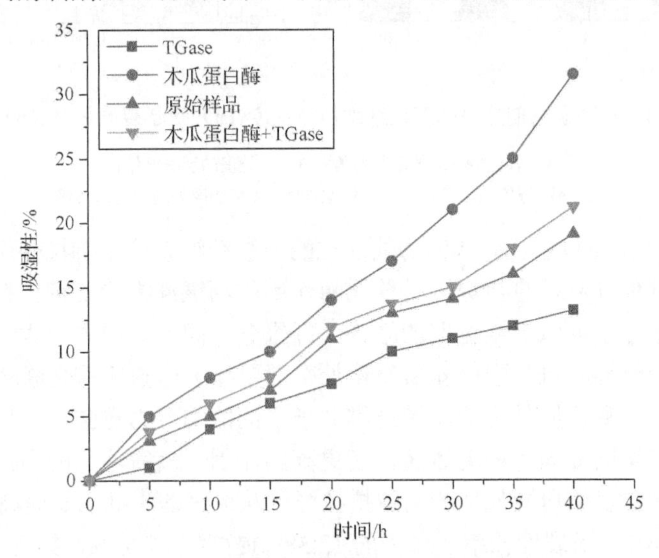

图 3.32 不同酶制剂处理的羽绒纤维吸湿性

从图 3.32 中可以看出，随着时间的增加，经木瓜蛋白酶处理、未处理、TGase 处理和多酶协同处理后得到的羽绒纤维的吸湿性都逐渐提高。值得注意的是，使用木瓜蛋白酶处理的羽绒纤维吸湿性好于其他样品，直接原因是木瓜蛋白酶的水解作用破坏了羽绒纤维的结构，使得部分肽键断裂，纤维间的分子链被打开，增加了分子内的亲水基团含量，从而提升了羽绒纤维的吸湿性。随着交联酶 TGase 的加入，羽绒纤维分子内或分子间重新发生交联，消耗了一定量的活性基团，因此与木瓜蛋白酶处理的羽绒纤维相比，交联酶 TGase 处理和多酶协同处理的羽绒纤维的吸湿性都有所降低。

11. 羽绒处理前后抗拉强度和断裂伸长率的变化

软化和交联会改变羽绒纤维的分子结合力，对羽绒纤维的物理性能产生影响，因此分别考察了不同酶制剂处理的羽绒纤维的抗拉强度和断裂伸长率，结果见图 3.33。

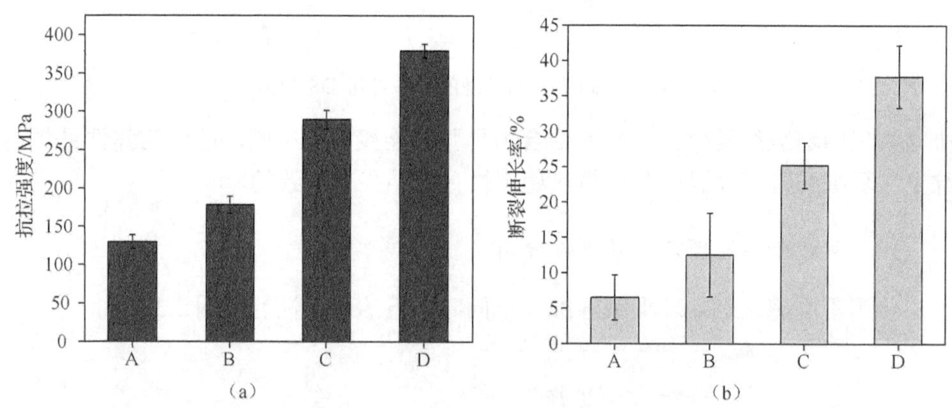

图 3.33　不同酶制剂处理的羽绒纤维抗拉强度（a）和断裂伸长率（b）变化

A：软化酶处理的羽绒纤维；B：未处理的羽绒纤维；
C：交联酶 TGase 处理的羽绒纤维；D：多酶协同处理的羽绒纤维

从图 3.33 中可以看出，软化酶处理过的羽绒纤维无论是抗拉强度还是断裂伸长率都小于其他样品，直接原因是软化酶作用于羽绒纤维的肽键，使羽绒纤维发生了水解，破坏了羽绒纤维稳定的结构，纤维分子间的作用力大大减弱。多酶协同处理的羽绒纤维的抗拉强度和断裂伸长率都要高于单独使用交联酶 TGase 处理的，表明经过多酶协同处理的羽绒纤维分子之间的结合力更强，弹性更高，这直接解释了多酶协同处理后的羽绒蓬松度更高的原因。值得注意的是，与未处理的羽绒纤维相比，多酶协同处理的羽绒抗拉强度从原来的 180MPa 提高到 370MPa，提高了 105.56%，断裂伸长率从原来的 12.38%提高到 37.69%，提高了 204.44%，效果十分明显。

选用反应条件温和、清洁、高效的酶制剂作为纤维蓬松剂来改善羽绒纤维的蓬松度。先对单独使用交联酶 TGase 的工艺进行了单因素条件优化，在 TGase 的用量为40U/g，反应温度为40℃，反应时间为120min，pH为6.0的作用条件下，改善羽绒纤维蓬松度的效果最为明显，与未处理的羽绒纤维相比，蓬松度提高了22%。在单独使用交联酶TGase最优条件的基础上，进一步优化了木瓜蛋白酶与TGase的用量关系，当木瓜蛋白酶的用量为4U/g，TGase的用量为40U/g时，改善效果最佳，羽绒蓬松度提升了约26%。对软化酶处理、未处理、交联酶TGase处理及多酶协同处理的羽绒纤维进行了氨基含量分析、热重分析、差示扫描量热分析，还分析了吸湿性、抗拉强度等化学和物理性能。结果显示，多酶协同处理的羽绒纤维结构更加稳定，弹性更强，抗拉强度从原来的180MPa提高到370MPa，提高了105.56%；断裂伸长率从原来的12.38%提高到37.69%，提高了204.44%。

3.4　氧化法和交联法结合改善羽绒蓬松度

称取一定量的羽绒经2%的洗涤剂水洗30min、漂洗30min后，加入氧化剂、交联剂处理，后经甩干、烘干后检测羽绒蓬松度，考察羽绒蓬松度的变化情况。

3.4.1　加工工艺

基准：工艺中的“g/L”是相对于水的量，“%”是相对于羽绒质量的质量分数。

取60g山东羽绒（含绒量90%）置于三角瓶中，加入50℃的水2.0L和2%的洗涤剂，振荡30min；之后常温漂洗30min；进行氧化处理时加入2.0L水，加入不同含量的氧化剂，再设置不同温度及不同转动时间；观察不同氧化剂用量、温度以及时间对羽绒蓬松度的影响。最后摇匀使羽绒充分润湿，置于水浴振荡器中漂洗3min、脱水甩干10min、120℃烘干10min、冷却10min后打包。

3.4.2　次氯酸钠对羽绒蓬松度的影响

1. 次氯酸钠用量对羽绒蓬松度的影响

分别使用0.3g/L、0.6g/L、0.9g/L、1.2g/L、1.5g/L、1.8g/L、2.1g/L的次氯酸钠（NaClO）氧化处理羽绒纤维。次氯酸钠用量与羽绒蓬松度的关系见图3.34。

由图3.34可以看出，随着NaClO用量的增加，羽绒的蓬松度先增加再减小。NaClO的用量为1.2g/L时，羽绒的蓬松度最高；之后增加NaClO用量，羽绒的蓬松度逐渐下降。羽绒蓬松度的增加主要是因为氧化剂作用于羽绒纤维上，会破坏羽绒纤维表层的细胞膜，增加羽绒纤维上磺酸键的数量；氧化剂进一步深入纤维结构还会打断部分纤维交联键，减弱纤维间的引力，使得原来蛋白质结构中弯曲的分子链变得挺直。经甩干、烘干后，这种纤维间的引力又重新产生，分子键结

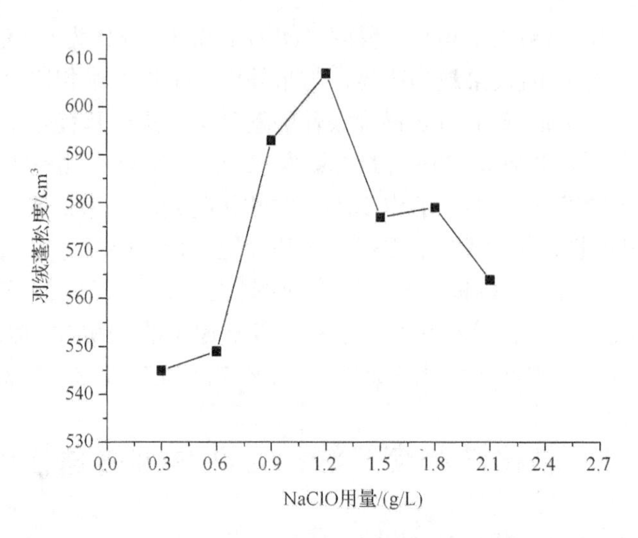

图 3.34　NaClO 用量与羽绒蓬松度的关系

合得比以前更加牢固。通过对羽绒的氧化、烘干处理，羽绒纤维的弹力增强，羽绒的蓬松度提高。但是随着 NaClO 用量的进一步增加，氧化强度增加，羽绒纤维间的分子键打断过多，使得羽绒纤维受损严重，强度下降，导致最终的蓬松度降低。因此，氧化剂 NaClO 最佳用量为 1.2g/L。

2. 次氯酸钠氧化时间对羽绒蓬松度的影响

图 3.35 显示了当 NaClO 的用量为 1.2g/L，氧化时间分别为 20min、40min、60min、80min、100min、120min 时对羽绒蓬松度的影响。

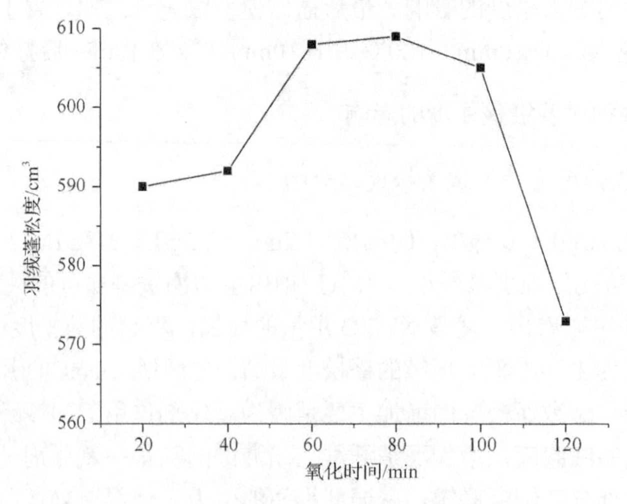

图 3.35　NaClO 氧化时间对羽绒蓬松度的影响

从图 3.35 中可以看出，随着氧化时间的延长，羽绒的蓬松度逐渐增加，氧化时间为 60～100min 时羽绒蓬松度趋于最大稳定值。这主要是因为延长 NaClO 氧化时间可以有效去除由三磷酸酯和甾醇构成的羽绒纤维双分子层细胞膜，NaClO 渗透进入纤维内部的量增大，会打断纤维分子间的作用力，使原来弯曲的分子链变得笔直，对羽绒进行烘干后，这种笔直的分子链形态固定，羽绒的抗压能力增加，羽绒的蓬松度相应提高。随着氧化时间的进一步延长，羽绒的蓬松度下降。主要原因是氧化时间过长会导致渗透入羽朊结构中的氧化剂量增大，不仅会破坏了原有纤维分子的形态，而且使羽绒纤维受损，造成羽绒纤维蓬松度的下降。

3. 次氯酸钠氧化温度对羽绒蓬松度的影响

在 NaClO 用量为 1.2g/L，氧化时间为 60min 时，氧化温度对蓬松度的影响见图 3.36。

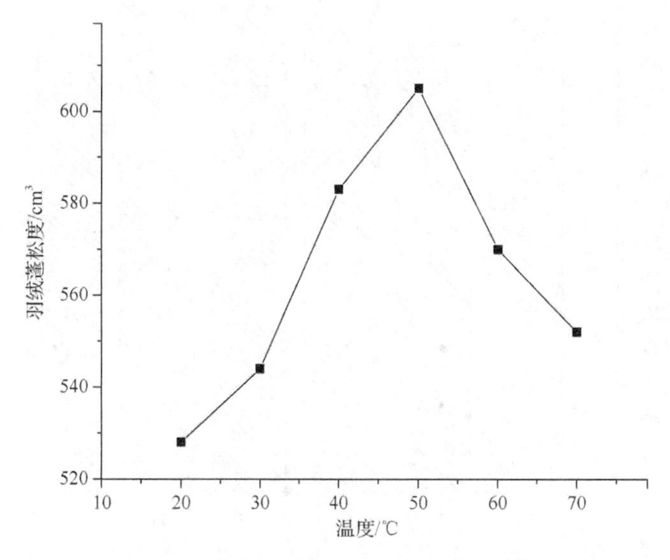

图 3.36　NaClO 氧化温度对羽绒蓬松度的影响

从图 3.38 中可以得知，在 50℃时羽绒蓬松度最大，随着温度的上升，羽绒的蓬松度下降。这是由于 NaClO 很不稳定，遇热会发生分解。NaClO 的强氧化性是由 ClO^- 决定的，NaClO 在贮藏时，温度平均每升高 10℃，分解速率增加一倍，热分解方程式如下所示：

$$2NaClO \longrightarrow 2NaCl+O_2 \tag{3.2}$$

$$NaClO+O_2 \longrightarrow NaClO_3 \tag{3.3}$$

$$2NaClO \longrightarrow 2NaCl+2[O] \tag{3.4}$$

当温度低于 25℃时，NaClO 性质比较稳定；当温度高于 30℃时，NaClO 分解速度明显加快。当浴液温度在 30℃以下时，NaClO 氧化性过强，易造成羽绒纤维结构受损，降低弹力，导致羽绒的蓬松度低。浴液的温度升高，NaClO 分解加快，在 50℃时达到了最佳临界状态，即 NaClO 具有氧化羽绒纤维的能力，断裂的纤维分子键却不损伤纤维宏观结构。当浴液温度继续升高时，NaClO 分解加快，氧化性降低，氧化去除纤维外层双分子膜及打断纤维分子键的能力下降，烘干羽绒后，纤维分子间力变化较小，羽绒蓬松度较浴液温度为 50℃时有所下降，比未经氧化处理的羽绒纤维的蓬松度高。

4. pH 对次氯酸钠氧化羽绒蓬松度的影响

检测不同 pH 对 NaClO 氧化羽绒蓬松度的影响，试验结果见图 3.37。

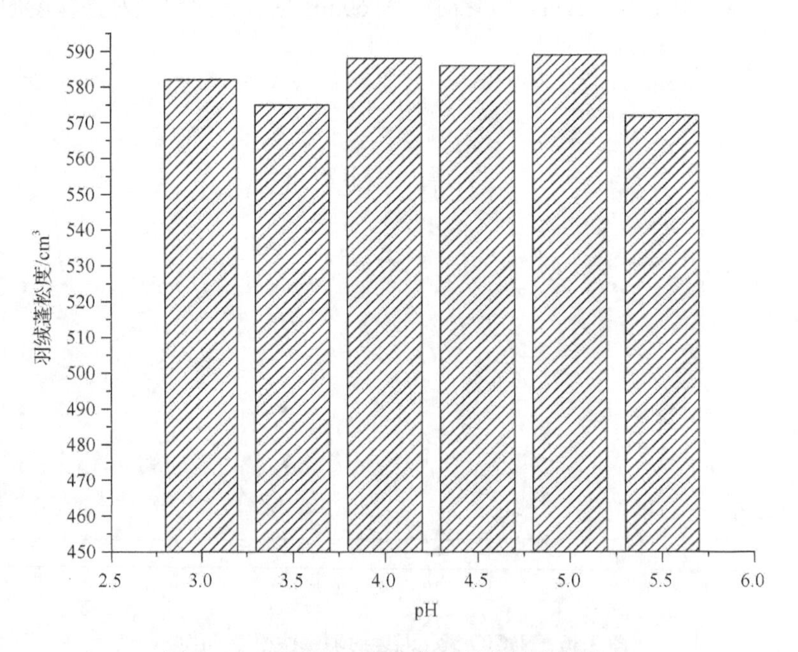

图 3.37　pH 对 NaClO 氧化羽绒蓬松度的影响

NaClO 浴液 pH 在 3.0～5.5 变化对羽绒蓬松度的影响不大。pH 影响 NaClO 的分解，随着碱度增大，次氯酸钠的稳定性增强。文献资料显示，NaClO 溶液在 pH＜2 时，主要成分为氯气；在 pH＞9 时，主要为 ClO^-；pH 为 3.0～5.5 时，NaClO 组分变化不大，所以在此 pH 范围条件下 NaClO 浴液的氧化能力波动不大，对羽绒纤维蓬松度的影响不大。

3.4.3　过氧化氢对羽绒蓬松度的影响

检测氧化剂 H_2O_2 的用量对羽绒蓬松度的影响，试验结果见图 3.38。

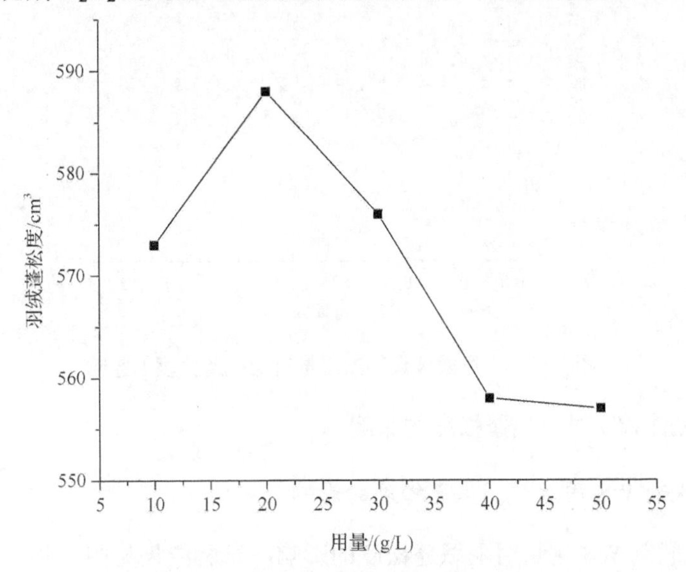

图 3.38　H_2O_2 用量对羽绒蓬松度的影响

如图 3.38 所示，分别采用 10g/L、20g/L、30g/L、40g/L、50g/L 的工业 H_2O_2 在 50℃下氧化羽绒纤维 60min，得出 H_2O_2 的最佳用量为 20g/L。当 H_2O_2 的用量再次增大时，羽绒的蓬松度降低，这可能是氧化性增强使羽绒纤维受损，造成蓬松度下降。

对比 H_2O_2 最佳用量和 NaClO 最佳用量发现，NaClO 提高羽绒蓬松度的能力优于 H_2O_2。

3.4.4　丙烯酸聚合物交联剂对羽绒蓬松度的影响

进一步研究丙烯酸聚合物的用量对羽绒蓬松度的影响，试验结果见图 3.39。

丙烯酸聚合物交联剂 CH 具有很好的水分散性，分子侧链上具有大量的羧基基团，反应活性高。羽绒纤维在经氧化剂处理后，表面薄膜受损，蛋白质结构暴露，与分子内和分子间的化学活性基团发生反应，在纤维之间形成多点交联结合，纤维分子之间结合力增加。当丙烯酸聚合物交联剂进入羽绒蛋白质结构后，也会与纤维发生交联反应，羽绒纤维弹性提高，羽绒蓬松度提高。在相同的时间里，随着丙烯酸聚合物用量的增加，会有更多的丙烯酸渗透进羽绒纤维间，有效地提升分子间结合性，丙烯酸聚合物用量 1.8g/L 时达到最大蓬松度。

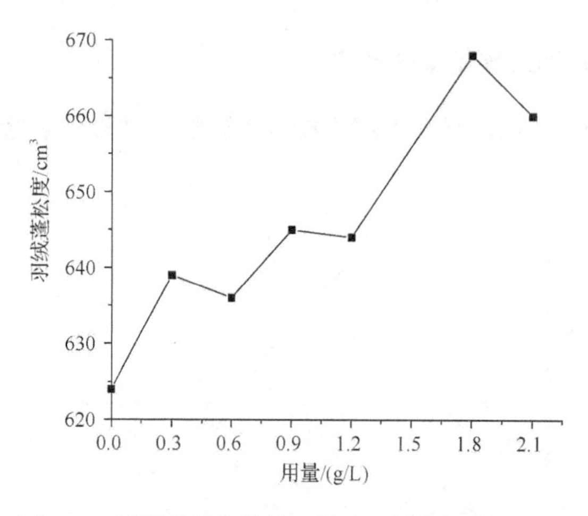

图 3.39　丙烯酸聚合物的用量对羽绒蓬松度的影响

3.4.5　交联剂 WS 对羽绒蓬松度的影响

1. 交联剂 WS 用量对羽绒蓬松度的影响

研究交联剂 WS 用量对羽绒蓬松度的影响，试验结果见图 3.40。

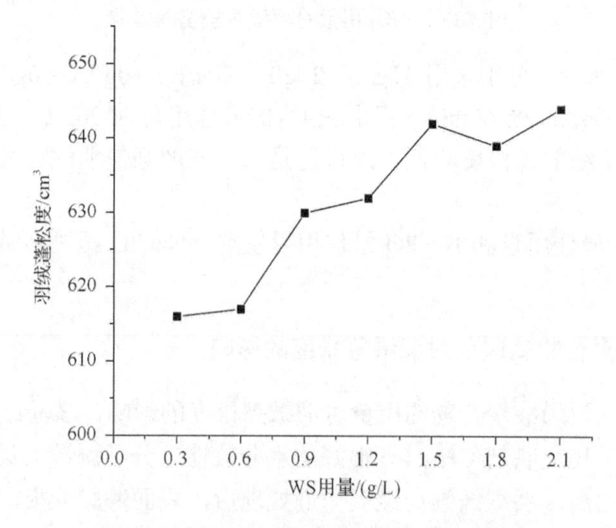

图 3.40　WS 的用量对羽绒蓬松度的影响

使用 NaClO 氧化羽绒纤维后，分别采用 0.3g/L、0.6g/L、0.9g/L、1.2g/L、1.5g/L、1.8g/L、2.1g/L 的 WS 交联羽绒纤维，以蓬松度数值为基准，综合考虑经济效益，得到 WS 的最佳用量为 1.5g/L。WS 是一种无铬小分子交联剂，可用于交联皮革纤维，得到的成革紧实均匀、细致、丰满，纤维定型性好。WS 应用于羽绒纤维中，可以增加纤维分子间化学键的交联程度，增强纤维弹力。随着 WS 用量增大，渗透入纤维分子间的交联剂增多，与羽绒纤维分子结合性增强，羽绒纤维的弹性增加，羽绒蓬松度也逐渐上升。WS 用量超过 1.5g/L 后对羽绒蓬松度的影响逐渐平稳。考虑原料成本及实际生产效率，选取 WS 的最佳用量为 1.5g/L。

2. 交联剂 WS 预交联 pH 对羽绒蓬松度的影响

根据优化出的 WS 用量，将 WS 预交联羽绒纤维的 pH 分别设置为 3.0、3.5、4.0、4.5 及 5.0，将交联终点 pH 分别设置为 4.5、5.0、5.5、6.0、6.5、7.0。对羽绒进行纤维分子层的交联，经后工序处理后，查看羽绒的蓬松度的变化情况，试验结果见图 3.41。

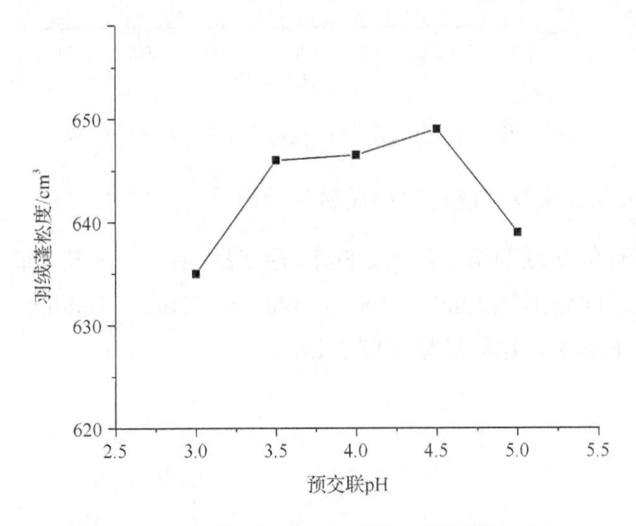

图 3.41　WS 的预交联 pH 对羽绒蓬松度的影响

由图 3.41 可知，预交联 pH 在 4.5 时，蓬松度达到了最大，可能原因是在此 pH 下 WS 在羽绒纤维中渗透较好，与纤维的结合力强，使得羽绒的蓬松度增加。

3. 交联剂 WS 交联终点 pH 对羽绒蓬松度的影响

在确定 WS 交联剂的最佳用量 1.5g/L，预交联 pH 为 4.5 后，设定羽绒的交联终点 pH 分别为 4.5、5.0、5.5、6.0、6.5、7.0，研究交联终点 pH 对羽绒的蓬松度的影响，试验结果见图 3.42。

从图 3.42 中可以看出，随着交联终点的 pH 不断提高，羽绒的蓬松度也不断增大，在 6.5 后上升速度减缓。可见，交联剂 WS 的最佳交联终点 pH 为 6.5。

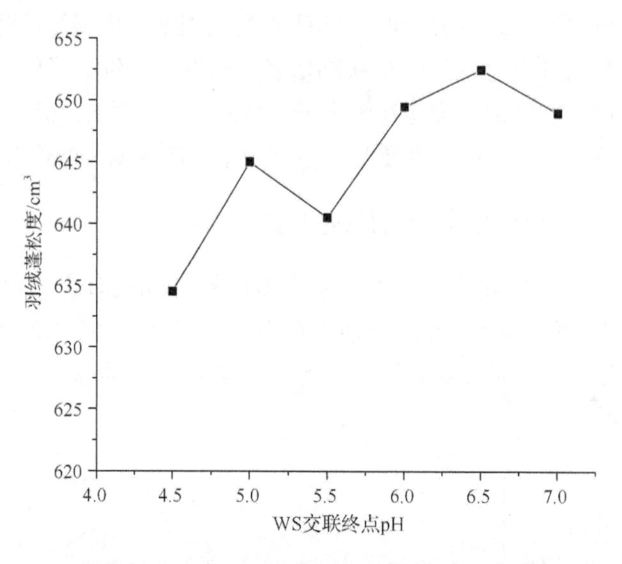

图 3.42　WS 的交联终点 pH 对羽绒蓬松度的影响

4. 交联剂 WS 交联时间对羽绒蓬松度的影响

在确定最佳的交联剂 WS 用量 1.5g/L，预交联 pH 为 4.5 及交联终点 pH 为 6.5 后，设定交联时间分别为 20min、40min、60min、80min、100min，研究交联时间对羽绒蓬松度的影响，试验结果见图 3.43。

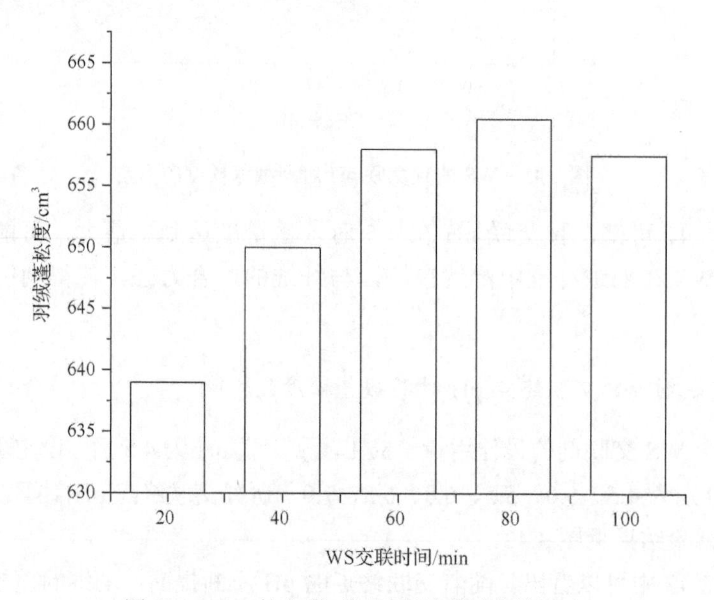

图 3.43　WS 的交联时间对羽绒蓬松度的影响

从图 3.43 中可以看出，随着交联时间的延长，羽绒的蓬松度逐渐增加，当交联时间超过 60min，羽绒的蓬松度增加幅度变小，交联超过 80min，羽绒蓬松度不升反降。这可能是因为随着交联时间的延长，交联剂与纤维分子的结合点达到平衡，羽绒的交联程度不再发生变化，羽绒的蓬松度也就趋于稳定。考虑实际生产效率，选取最佳交联时间为 60min。

5. 交联剂 WS 交联温度对羽绒蓬松度的影响

研究 WS 的交联温度对羽绒蓬松度的影响，试验结果见图 3.44。

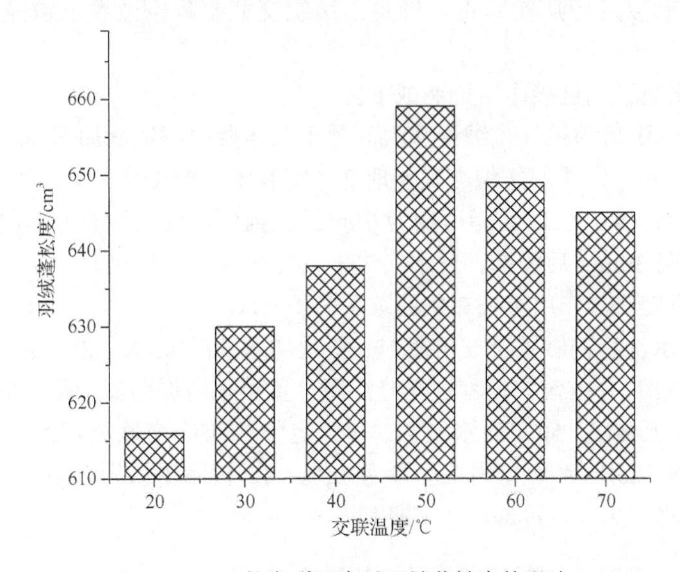

图 3.44　WS 的交联温度对羽绒蓬松度的影响

从图 3.44 中可以看出，随着温度的不断升高，羽绒的蓬松度不断增加。这可能是因为随着温度的升高，WS 在纤维间的渗透加快，与纤维的结合度增大。但是随着温度的进一步增加，浴液中的次氯酸钠分解加剧，对羽绒纤维的氧化能力降低，羽绒的蓬松度有所下降。可见，WS 在 50℃时交联得到的羽绒具有最大的蓬松度。

总结以上试验：原料羽绒 60g，洗涤剂洗涤羽绒后，对次氯酸钠氧化试验进行单因素优化。优化出的最佳使用条件为：次氯酸钠用量 1.2g/L，在 50℃的水浴下，转动 60min，可以有效提升羽绒蓬松度，或者在 50℃的水浴下，加入过氧化氢 20g/L 后转动 60min，也可以提升羽绒蓬松度。其中，次氯酸钠的作用效果优于过氧化氢。

在次氯酸钠氧化羽绒纤维的基础上，可以采用丙烯酸树脂交联剂 CH 和交联剂 WS 交联羽绒纤维，通过单因素法优化得到的条件是：CH 用量为 1.8g/L，交联

60min，可以有效提升羽绒蓬松度；或是交联剂 WS 用量为 1.5g/L，前期预交联 pH 为 4.5，交联终点 pH 为 6.5，在 50℃下，作用 60min 后，可以有效提升羽绒蓬松度。

3.5 纺织交联整理剂改善羽绒蓬松度

3.5.1 加工工艺

根据文献以及工厂实际工艺确定出纺织交联整理剂改善羽绒蓬松度的工艺如下。

1）纺织交联剂直接作用于羽绒工艺

取 45g 水洗后鸭绒（含绒量 90%）置于三角瓶中，依次加入 50℃的水 1.2L，渗透剂 2g/L 和一定量的纺织交联整理剂（交联整理剂 UN-557、UN-125F、环氧氯丙烷用量为 4g/L，2D 树脂用量为 20g/L）。摇匀，使羽绒充分润湿，置于水浴振荡器中振荡 30min 后漂洗、脱水、烘干、冷却除尘、打包。

2）纺织交联剂作用于被氧化羽绒工艺

取 45g 水洗后鸭绒置于三角瓶中，依次加入 50℃的水 1.2L，渗透剂 2g/L 和次氯酸钠 1.5g/L 并摇匀，使羽绒充分润湿，置于水浴振荡器中振荡处理 30min，漂洗 10min 后加入 50℃的水 1.2L 和一定量的纺织交联整理剂（交联整理剂 UN-557、UN-125F、环氧氯丙烷用量为 4g/L，2D 树脂用量为 20g/L），振荡 30min 后漂洗、脱水、烘干、冷却除尘、打包。

3.5.2 纺织交联整理剂对羽绒蓬松度的影响

1. 纺织交联整理剂直接作用于羽绒对羽绒蓬松度的影响

纺织交联整理剂直接作用于羽绒对羽绒蓬松度的影响见表 3.13。

表 3.13 纺织交联整理剂直接作用于羽绒对羽绒蓬松度的影响

交联整理剂	蓬松度/cm^3	提高率/%
对比样	480.0	
UN-557	460.0	−4.1
UN-125F	484.2	0.9
2D 树脂	481.6	0.3
环氧氯丙烷	490.8	2.2

注：试验样品为山东羽绒，含绒量 90%。表 3.14～表 3.16、表 3.18～表 3.22 同。

从表 3.13 可知，纺织交联整理剂对改善羽绒的蓬松度效果不明显。这是因为羽绒表面有由甾醇和三磷酸酯构成的双分子层薄膜，交联剂无法进入纤维角蛋白内部，与羽绒角蛋白的交联反应有限，故对蓬松度的改善不明显。

2. 纺织交联整理剂作用于被氧化羽绒对羽绒蓬松度的影响

由于环氧氯丙烷和 UN-125F 交联整理剂处理羽绒后有异味，故没有使用。纺织交联整理剂作用于被氧化羽绒，对羽绒蓬松度的影响见表 3.14。

表 3.14　纺织交联整理剂作用于被氧化羽绒对羽绒蓬松度的影响

交联整理剂	蓬松度/cm^3	提高率/%
对比样	480.0	
UN-557	488.3	1.7
2D 树脂	509.2	6.0

从表 3.14 可知，UN-557 和 2D 树脂作用于被氧化羽绒，对羽绒蓬松度有一定提高作用，其中 2D 树脂作用效果较为明显，能将羽绒蓬松度提高 6.0%。2D 树脂为二羟甲基二羟基乙烯脲，其结构式见图 3.45。

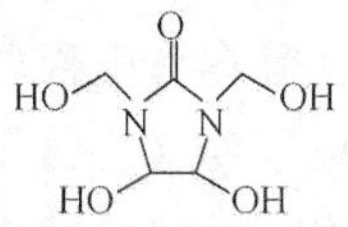

图 3.45　二羟甲基二羟基乙烯脲结构式

2D 树脂可使棉等织物获得优良的定型防缩性能，主要用途为纺织品的耐久定型整理，用量一般为 150～200g/L。2D 树脂具有多羟甲基活性基团，可以与羽绒纤维上的羟基发生交联反应，对羽绒纤维起到定型作用，提高羽绒蓬松度。其反应见图 3.46。

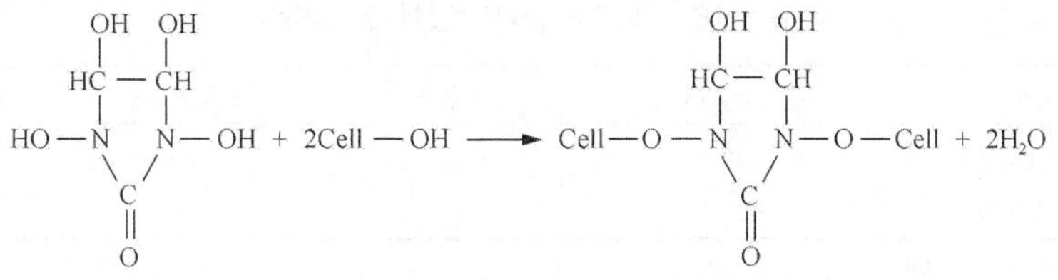

图 3.46　2D 树脂与羽绒纤维的交联反应

3. 2D 树脂用量对羽绒蓬松度的影响

考察不同 2D 树脂用量对羽绒蓬松度的影响，其中，2D 树脂用量分别为 0g/L、10g/L、20g/L、50g/L、100g/L，试验结果见表 3.15。

表 3.15　不同 2D 树脂用量作用于被氧化羽绒对羽绒蓬松度的影响

2D 树脂用量/（g/L）	蓬松度/cm^3	提高率/%
0	480.0	
10	501.5	4.5
20	509.2	6.0
50	502.5	4.7
100	498.3	3.8

从表 3.15 可知，虽然 2D 树脂用量变化很大，但是羽绒蓬松度变化不明显，蓬松度并没有随着 2D 树脂用量的增加而提高，反而有略微下降。这可能是因为羽绒纤维角蛋白上的活性基团数量有限，且角蛋白肽链上特有的半胱氨酸之间可以形成二硫键，使角蛋白具有稳定的结构，而过多的 2D 树脂粘在羽绒纤维表面反而会使回弹性降低，故对羽绒蓬松度的提高不明显。

3.6　物理方法改善羽绒蓬松度

物理方法改善羽绒蓬松度可以借鉴毛皮整理技术，采用毛皮处理设备处理羽绒。羽绒处理工艺如下：称取 100g 羽绒（含绒量 90%），放入 60cm×60cm 的尼龙布袋中密封，投入处理设备中并施以物理机械作用；在进行机械处理的同时采用鼓风的方法使羽绒充分分散，加热体系到 60℃，再通入一定量的水蒸气（羽绒质量的 0.5%），旋转 1h 后鼓入冷风冷却，冷却至常温，得到蓬松处理后的羽绒。

3.6.1　物理方法对羽绒性能的影响

表 3.16 为物理方法对羽绒蓬松度、残脂率、清洁度和粉尘等级性能的影响。

表 3.16　物理方法对羽绒性能的影响

样品	蓬松度/cm^3	残脂率/%	清洁度/mm	粉尘等级
未处理的羽绒	420	1.22	480	1
处理后羽绒	542	1.21	900	5

从表 3.16 中可以看出，经过处理后，羽绒的蓬松度由原来的 $420cm^3$ 提高到 $542cm^3$，提高了 29%；清洁度提高了 88%；粉尘等级从 1 级直接到达 5 级，残脂率基本保持不变。

由此可知经过物理方法的处理，羽绒的蓬松度、清洁度、粉尘等级等指标都有显著改善。

3.6.2　羽绒纤维形态变化分析

经过一系列的物理机械作用，羽绒纤维形态会发生变化。未处理的羽绒中大部分的羽丝比较舒展，纤维呈雪花状（以下简称S型），加工后的羽绒有一部分朵绒的羽丝一朵或几朵缠绕在一起，形成球状（以下简称B型）。羽绒形态见图3.47。因为羽丝缠绕呈球状，当铝压板下降时，羽绒羽丝之间的支撑力比未加工时舒展纤长的羽丝的支撑力大，挤压不易变形，所以羽绒的蓬松度提高。

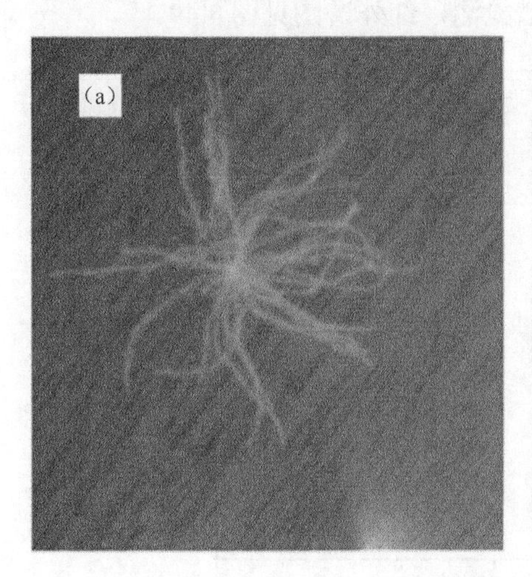

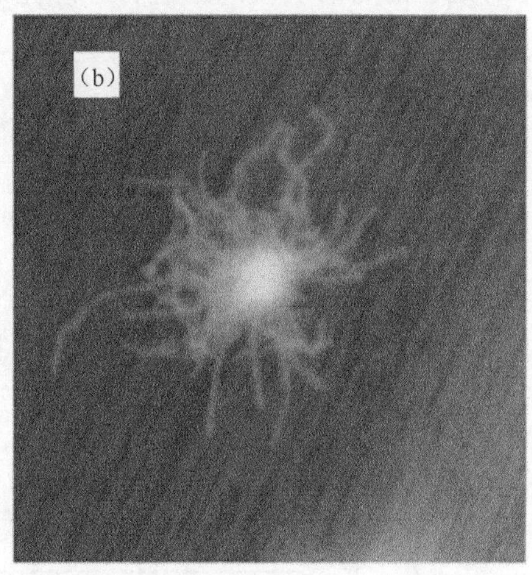

图3.47　羽绒形态图：(a) S型和 (b) B型

通过一个试验证实羽绒形态的变化，试验方法为：用分析天平精确称量0.2g的羽绒，仔细地用镊子将其中的S型和B型分开，再分别精确称量其中S型和B型的质量，计算羽绒中S型和B型以及杂质的含量（质量分数），重复五次。蓬松处理前后羽绒形态分布见图3.48。

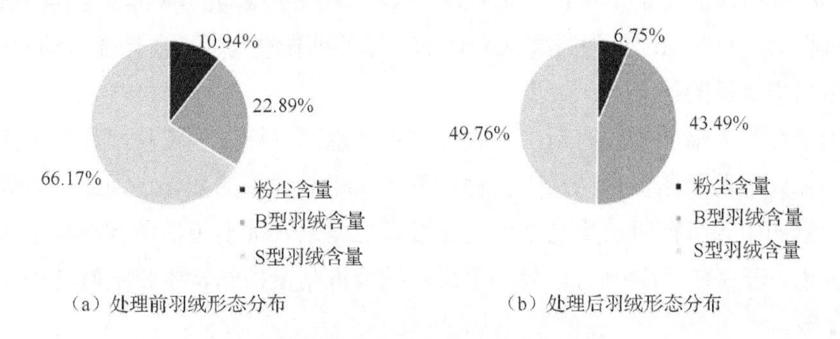

(a) 处理前羽绒形态分布　　(b) 处理后羽绒形态分布

图3.48　处理前后羽绒形态分布图

从图 3.48 的形态分布图中可以看出，处理前后 B 型羽绒的含量从 22.89%增加到了 43.49%，粉尘含量由 10.94%下降到 6.75%。可见，物理方法处理后的羽绒清洁度和粉尘等级均有显著改善。这是因为在进行物理机械处理的同时采用鼓风的方法使羽绒充分分散，同时羽绒中的灰尘、杂质等从羽绒纤维上被分离出来，随着气流被排出羽绒处理设备。

3.6.3　傅里叶变换红外光谱分析

对处理前后的羽绒纤维进行红外光谱检测，红外谱图见图 3.49。

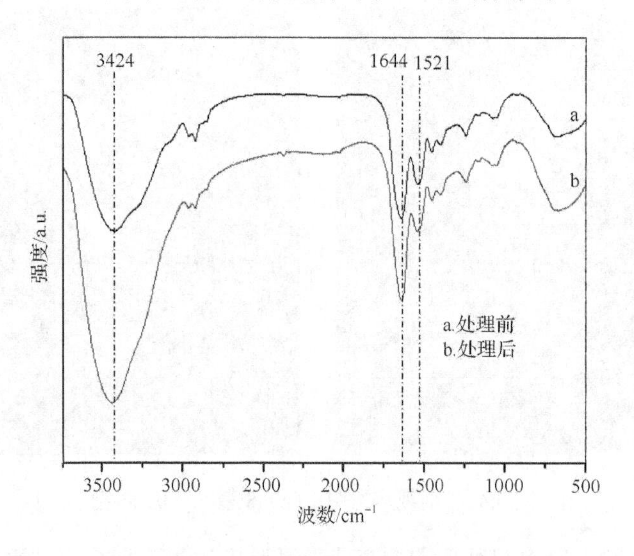

图 3.49　物理方法处理前后羽绒红外谱图

从图 3.49 可以看出，处理前后羽绒的红外谱图相似。根据参考文献可知，其中的 1644cm^{-1}处酰胺Ⅰ带的 C＝O 伸缩振动，为角蛋白中α-螺旋构型特征吸收峰；1521cm^{-1}处酰胺Ⅱ带的 N—H 变形振动与 C—N 伸缩振动的耦合，为β-折叠构型特征吸收峰；3424cm^{-1}处为酰胺 A 带的 N—H 伸缩振动与 O—H 伸缩振动的耦合，为角蛋白中氢键的缔合。

由于在红外谱图中没有新的吸收峰产生，也没有峰发生位移，红外谱图无法直接表征处理前后角蛋白结构中各种构象之间相对含量的变化。因此，以处理前后同一谱图中各特征吸收峰的红外光透过率之差来表征角蛋白结构中构象相对含量的变化。表 3.17 为物理方法处理前后羽绒纤维角蛋白结构中特征峰红外光透过率的比较。

表 3.17 物理方法处理前后特征峰红外光透过率比较

状态	Y_1/%	Y_2/%	Y_3/%	(Y_2-Y_1) /%	(Y_2-Y_3) /%
处理前	62.24	71.69	58.56	9.45	13.13
处理后	35.02	54.65	6.53	19.63	48.12

注：Y_1、Y_2 和 Y_3 分别表示酰胺Ⅰ带、酰胺Ⅱ带和酰胺 A 带的特征峰红外光透过率。

由表 3.17 得出，处理后酰胺Ⅰ带和酰胺Ⅱ带特征峰红外光透过率之差明显大于处理前的。即经过物理方法处理后，羽绒角蛋白中 α-螺旋构型相对增加，宏观表现为羽绒蓬松度提高了，因此可以认为 α-螺旋构型的相对增多对羽绒蓬松度的提高有一定作用。经过物理处理的羽绒角蛋白中的 α-螺旋构型相对增多，使得羽绒弹性增强、蓬松度提高。处理后酰胺 A 带与酰胺Ⅱ带红外光透过率之差明显大于处理前两者之差，因此可以认为处理后羽绒角蛋白结构更加规整了，具体体现为定形区相对增加，无定形区相对减少。由此可以认为，经过蓬松处理后，羽绒角蛋白中 α-螺旋构型的增多和角蛋白结构有序性的增加对蓬松度提高有一定贡献。

3.6.4 X 射线衍射分析

对处理前后的羽绒纤维进行 X 射线衍射（XRD）分析，结果见图 3.50。

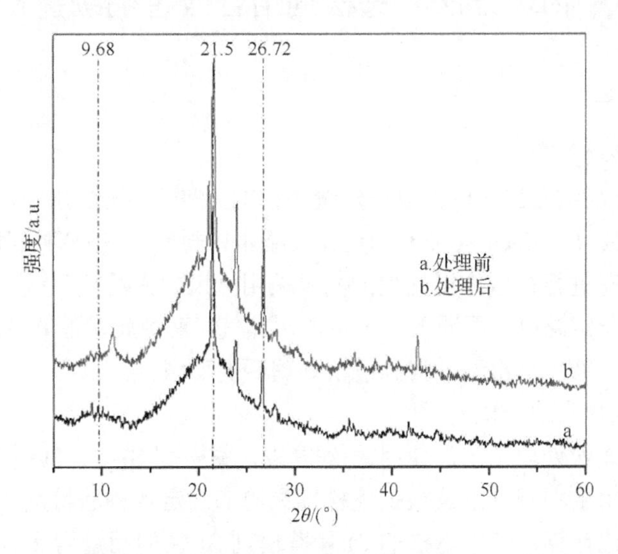

图 3.50 物理方法处理前后羽绒广角 XRD 谱

由布拉格公式可得，位于 9.68°、21.5°、26.72°的特征峰的面间距分别为 9.13Å、4.13Å、3.33Å。根据参考文献可知：其中面间距为 9.13Å 衍射峰是 α-螺旋链结晶和β-折叠链结晶的共同衍射峰；面间距为4.13Å衍射峰是α-螺旋链结晶的特征衍射峰，此峰较为尖锐，说明羽绒纤维中具有典型的α-螺旋链结晶；面间距为3.33Å衍射峰是β-折叠链结晶的特征衍射峰，此峰也较尖锐，说明羽绒纤维中具有典型的β-折叠链结晶。

蓬松处理后，α-螺旋链结晶的特征衍射峰和β-折叠链结晶的特征衍射峰的强度都有所增加，说明了处理后羽绒纤维角蛋白的结构更加规整，这与红外测试得到的结果一致。由此可见，更加规整的角蛋白结构对羽绒蓬松度的提高有一定帮助。

通过以上分析，得到以下主要结论：

（1）本章采用温度、蒸汽和机械的综合作用，对羽绒进行物理处理，使其性能得到大幅改善。其中，羽绒的蓬松度提高了29%，清洁度提高了88%，粉尘等级从1级达到5级。

（2）经过物理方法改善羽绒蓬松度后，羽绒形态会发生变化，原本纤长舒展的羽丝会变得弯曲并相互缠绕。这种变化使得羽绒之间的支撑力增强，蓬松度增加。由FT-IR和XRD谱图分析得出，蓬松处理后羽绒纤维蛋白质结构更加规整，α-螺旋构型相对增加。

3.7　物理方法与蓬松剂结合改善羽绒蓬松度

3.7.1　处理工艺

1）羽绒蓬松处理工艺

称取100g羽绒备用。再称取一定量蓬松剂，溶于20mL水中，均匀地喷洒在羽绒上，将羽绒放入60cm×60cm的尼龙布袋中密封，再投入羽绒处理设备中，施以机械作用。在进行机械作用处理的同时采用鼓风的方法使羽绒充分分散，通入热空气加热到一定温度，再通入一定量的水蒸气（羽绒质量的0.5%），旋转1h后鼓入冷风冷却，冷却至常温，得到蓬松处理后的羽绒。

2）蓬松剂种类选择试验

按照羽绒蓬松处理工艺，使用蓬松剂SI、蓬松剂SI-G、2D树脂、纤维蓬松柔软剂分别作用于羽绒纤维。根据蓬松剂说明书确定各种蓬松剂的用量，以占羽绒质量的百分比计算，其中蓬松剂SI和蓬松剂SI-G的用量为2%，2D树脂的用量为10%，纤维蓬松柔软剂的用量为3%。

3）蓬松剂SI、SI-G单因素优化试验

根据蓬松剂种类选择试验的结果，蓬松剂SI、蓬松剂SI-G对改善羽绒蓬松度的效果较好，故对蓬松剂 SI 用量、SI-G 用量和温度进行单因素优化试验。其中用量分别为 1%、2%、3%、4%、5%、6%，温度选取 40℃、60℃。

3.7.2　蓬松剂种类选择试验结果及分析

采用物理方法和蓬松剂处理羽绒，对羽绒性能的影响见表 3.18。

表 3.18　蓬松剂种类选择试验结果

样品类别	蓬松度/cm^3	残脂率/%	清洁度/mm	粉尘等级
未处理的羽绒	420	1.22	480	1
物理方法处理	542	1.21	900	5
物理方法+蓬松剂 SI 处理	568	1.25	950	5
物理方法+蓬松剂 SI-G 处理	628	1.73	925	5
物理方法+2D 树脂处理	543	2.25	840	4
物理方法+纤维蓬松柔软剂处理	570	1.78	585	4

从表 3.18 可知，经物理方法处理，羽绒的蓬松度由原来的 420cm^3 提高到 542cm^3，清洁度从 480mm 提高到 900mm，粉尘等级从 1 级提高到 5 级，展现出了比较好的效果。将物理方法和蓬松剂结合共同处理羽绒后，蓬松度相比单独采用物理方法又提高了。其中，物理方法+蓬松剂 SI 处理后，蓬松度提高了 26cm^3，清洁度提高了 50mm，粉尘等级都是 5 级，但是残脂率有略微上升；物理方法+蓬松剂 SI-G 处理后，蓬松度提高了 86cm^3，清洁度提高了 25mm，粉尘等级都是 5 级，残脂率有略微上升。这是因为在测定残脂率时需要用乙醚回流来萃取羽绒表面的油脂，喷洒在羽绒纤维表面的蓬松度剂溶于乙醚，所以残脂率测定值增大。相比而言，物理方法+2D 树脂、物理方法+纤维蓬松柔软剂两种处理方法效果不佳，蓬松度和清洁度提高不明显，残脂率大幅增加。其中残脂率升高原因与添加 SI-G 相同；清洁度下降可能是因为吸附在羽绒纤维表面的 2D 树脂或者纤维蓬松柔软剂溶于测试清洁度的蒸馏水中，使水变浑浊，透明度降低。此外，因为 2D 树脂不能使纤维变得光滑有弹性，所以物理方法+2D 树脂对羽绒蓬松度的改善也不明显。

根据以上分析选取 SI 和 SI-G 为最佳蓬松剂，由于试验设备条件限制，仅对蓬松剂用量和温度进行优化。

3.7.3　SI 用量对羽绒性能的影响

采用物理方法和不同用量蓬松剂 SI 处理羽绒对其性能的影响见表 3.19。

表 3.19　蓬松剂 SI 用量对羽绒性能的影响

蓬松剂 SI 用量/%	蓬松度/cm^3	残脂率/%	清洁度/mm	粉尘等级
1	603	1.22	980	5
2	568	1.25	950	5
3	568	1.53	920	5
4	583	1.78	890	5
5	570	1.74	900	5
6	546	2.04	850	4

从表 3.18 和表 3.19 可知，用物理方法和蓬松剂 SI 共同处理羽绒，羽绒的蓬松度较未处理羽绒有大幅提高。但随着蓬松剂 SI 用量增加，蓬松度显示出了逐渐下降的趋势。这是因为随着 SI 用量的增加，会有越来越多的蓬松剂黏附在羽绒上，羽绒相互黏结在一起，回弹性下降，所以蓬松度也会略微下降。残脂率逐渐增大则是因为随着 SI 用量的增加，乙醚萃取物质量也逐渐增加，所以残脂率测定值逐渐增大。经过物理方法和蓬松剂 SI 共同处理羽绒，羽绒清洁度可达到 900mm 以上。随着蓬松剂 SI 用量增加，清洁度呈现逐渐下降的趋势。这是因为过量的蓬松剂无法和羽绒纤维结合，被蒸馏水洗出，水变得浑浊，清洁度下降。

综上所述，在蓬松剂 SI 用量为 1%时，用物理方法和蓬松剂 SI 共同处理羽绒，蓬松度可达 603cm^3，清洁度可达 980mm，残脂率为 1.22%，粉尘等级为 5 级。所得羽绒的效果最好，品质最佳。

3.7.4　SI 作用温度对羽绒性能的影响

采用物理方法和蓬松剂 SI 在不同温度下处理羽绒，研究温度对羽绒性能的影响，结果见表 3.20。

表 3.20　蓬松剂 SI 作用温度对羽绒性能的影响

温度/℃	蓬松度/cm^3	残脂率/%	清洁度/mm	粉尘等级
40	558	1.86	870	4
60	568	1.25	950	5

从表 3.20 可知，温度的改变对羽绒蓬松度、清洁度、残脂率及粉尘等级的影响很大。在 40℃的处理温度下，羽绒残脂率达到 1.86%，远远超出国标所规定的 1.3%。清洁度虽然提高到 870mm，但是没能达到 900mm 以上，粉尘等级也不是

最好的 5 级，这是因为温度过低，没能达到羽绒纤维蛋白质构象改变的条件，且蓬松剂 SI 不能完全与羽绒纤维结合。在温度为 60℃时，羽绒蓬松度、清洁度、残脂率和粉尘等级各个指标较理想。所以，物理方法和蓬松剂 SI 共同处理羽绒的温度为 60℃时效果最佳。

3.7.5　SI-G 用量对羽绒性能的影响

采用物理方法和不同用量蓬松剂 SI-G 处理羽绒，对羽绒性能的影响见表 3.21。

表 3.21　蓬松剂 SI-G 用量对羽绒性能的影响

蓬松剂 SI-G 用量/%	蓬松度/cm^3	残脂率/%	清洁度/mm	粉尘等级
1	585	1.21	920	5
2	628	1.35	925	5
3	618	1.59	880	5
4	612	1.48	700	4
5	610	1.63	640	3
6	603	1.98	420	3

从表 3.18 和表 3.21 可知，用物理方法和蓬松剂 SI-G 共同处理羽绒，羽绒的蓬松度由 420cm^3 增加到 580cm^3 以上。

在 SI-G 用量为羽绒质量的 2%时蓬松度达到最大值 628cm^3。这是因为经过物理方法和蓬松剂 SI-G 共同处理后，羽绒中的杂质和灰尘相对减少，而且羽绒纤维角蛋白结构更加规整，羽绒弹性增强，所以蓬松度提高。SI-G 用量的继续增加会导致各项性能的略微下降，这是因为随着 SI-G 用量的增加，会有越来越多的蓬松剂黏附在羽绒上，羽绒相互黏结在一起，从而蓬松度略微下降。

用物理方法和蓬松剂 SI-G 处理后的羽绒清洁度也大幅度提高，在 SI-G 用量为羽绒质量的 1%～2%时，清洁度已达到 900mm 以上。这是因为通过鼓风等方式，可以使羽绒纤维充分分散，杂质和灰尘等从羽绒纤维中分离出来，羽绒清洁度提高。当用量继续增加，羽绒清洁度呈现逐渐下降的趋势。这是因为过多的 SI-G 无法和羽绒结合，会在水洗工序中被蒸馏水洗出，水变得浑浊，清洁度下降。还可以观察到用此方法处理后的羽绒残脂率上升。这是因为在测定残脂率时要采用乙醚回流来萃取羽绒表面的油脂，而 SI-G 溶于乙醚，后续测试的羽绒残脂率变大。

综上所述，用物理方法和蓬松剂 SI-G 共同处理羽绒后，羽绒的蓬松度、清洁度均有较大改善。当 SI-G 的用量为羽绒质量的 2%，处理得到的羽绒品质最佳。

3.7.6 SI-G 作用温度对羽绒性能的影响

采用物理方法和蓬松剂 SI-G 在不同温度下处理羽绒，研究温度对羽绒性能的影响，结果见表 3.22。

表 3.22　蓬松剂 SI-G 作用温度对羽绒性能的影响

温度/℃	蓬松度/cm^3	残脂率/%	清洁度/mm	粉尘等级
40	580	1.75	480	4
60	628	1.35	925	5

从表 3.22 可知，温度对 SI 和 SI-G 的影响相似。在 40℃的处理温度下，羽绒残脂率超出了国家标准的规定，清洁度相对较低，粉尘等级也不是最好的 5 级，品质不高。这是因为温度过低，添加的蓬松剂 SI-G 没能完全与羽绒纤维发生氢键结合，吸附不稳定；而过量的蓬松剂 SI-G 会被有机溶剂萃取出来，使得残脂率增加。在温度为 60℃时，羽绒蓬松度、清洁度、残脂率和粉尘等级各个指标较理想。因此，物理方法和蓬松剂 SI-G 共同处理羽绒的温度为 60℃时效果最佳。

3.7.7 SEM-EDS 分析

经物理方法和 SI-G 蓬松剂处理前后羽绒纤维的 SEM 图及元素含量见图 3.51。

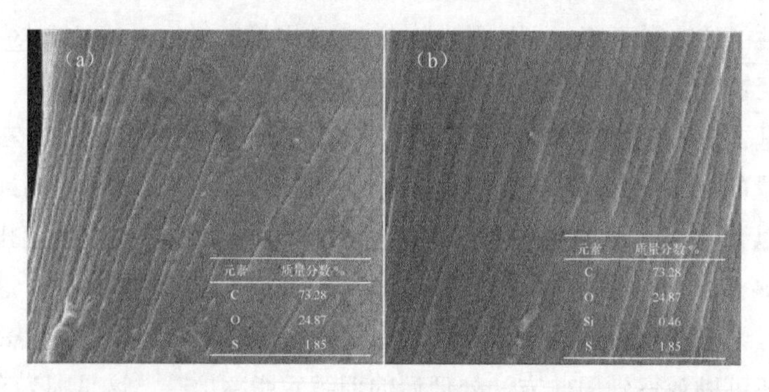

图 3.51　处理前（a）后（b）的羽绒纤维 SEM 图及元素含量

从图 3.51 可以看出，羽绒纤维表面并没有羊毛、头发等纤维表面的鳞片层，只有高低起伏的纵向排列的纹理。经过蓬松处理后，羽绒纤维表面相比于处理前更加平整光滑，未处理羽绒纤维表面有许多横向的类似于裂缝的纹理，而蓬松处理后，横向裂缝明显减少。主要原因为 SI-G 蓬松剂中氨基聚硅氧烷的氨基与角蛋白中羟基形成氢键，同时氨基容易质子化，部分质子化的氮原子相互排斥，导致聚硅氧烷链段均匀铺展在纤维表面或填充在纤维纹理之间，使纤维表面相对比较光滑。同时，氨基聚硅氧烷能减少纤维之间的摩擦系数，使纤维变得柔软，回弹性增加。从图 3.51 还可以看出经过蓬松处理后的羽绒纤维上出现了 Si 元素，这也证明纤维表面吸附着氨基聚硅氧烷化合物。

3.7.8 静态水接触角检测

对经物理方法和 SI-G 蓬松剂处理前后羽绒纤维进行静态水接触角检测，其结果见图 3.52。

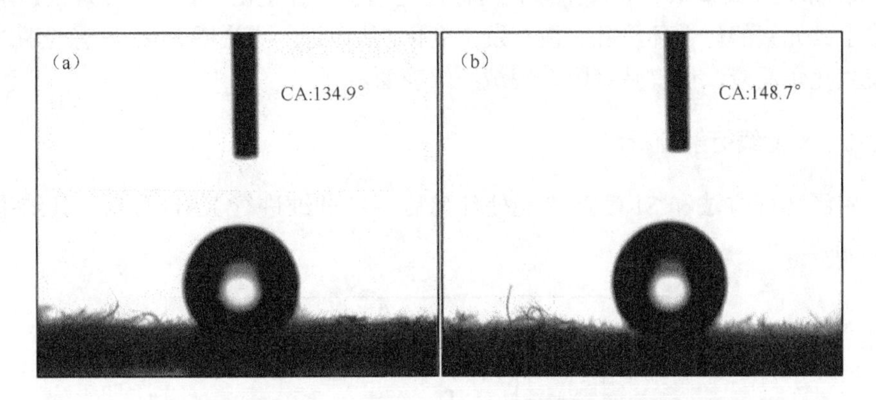

图 3.52 处理前（a）和处理后（b）羽绒纤维静态水接触角

制样时尽量使羽绒纤维分布均匀，保证两个样品的表面粗糙度相同。从图 3.45 中可以看出，经蓬松处理后的羽绒纤维疏水性明显增强。这是因为氨基聚硅氧烷化合物 SI-G 可以吸附在羽绒纤维上，氨基聚硅氧烷化合物具有高度疏水性，羽绒纤维的疏水性随之增加。接触角由 134.9°增加到 148.7°，这也侧面反映了“物理方法+SI-G 蓬松剂”的蓬松处理成功改性了羽绒纤维。

3.7.9 固体核磁分析

对经物理方法和 SI-G 蓬松剂处理前后的羽绒纤维进行固体核磁测试，其结果见图 3.53。

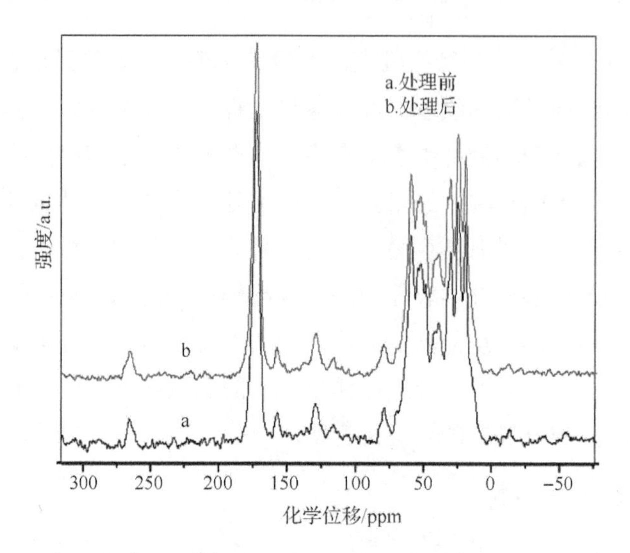

图 3.53　处理前后羽绒纤维固体核磁谱

从图 3.53 固体核磁谱图来看，出峰位置几乎没有变化，即蓬松处理前后羽绒纤维上碳元素的化学环境几乎没有发生变化，从而进一步说明 SI-G 没有与羽绒纤维发生化学反应，仅仅是吸附在羽绒纤维表面。

3.7.10　X 射线衍射分析

对经物理方法和 SI-G 蓬松剂处理前后羽绒纤维进行 XRD 分析，其结果见图 3.54。

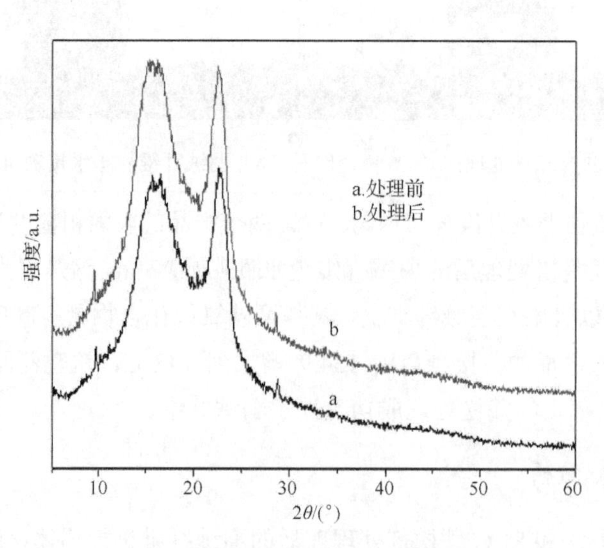

图 3.54　处理前后羽绒纤维 XRD 谱

从XRD谱中可以看出，处理前后羽绒纤维XRD出峰位置没有明显变化，但是处理后的XRD谱更加平滑，说明材料的结晶度更高。这也说明了羽绒纤维蛋白质结构在蓬松处理之后变得更加规整。

3.7.11　拉曼光谱分析

角蛋白拉曼谱带1450cm^{-1}主要为氨基酸侧链上—CH_2和—CH_3的弯曲振动，该谱带对肽链主链构象不敏感，不受肽链主链构象变化的影响，可以作为对比蓬松处理前后羽绒角蛋白结构变化的内标峰。因此，拉曼光谱分析采用1450cm^{-1}处的拉曼谱带为内标，对蓬松处理前后的羽绒纤维谱进行归一化处理，其结果见图3.55。

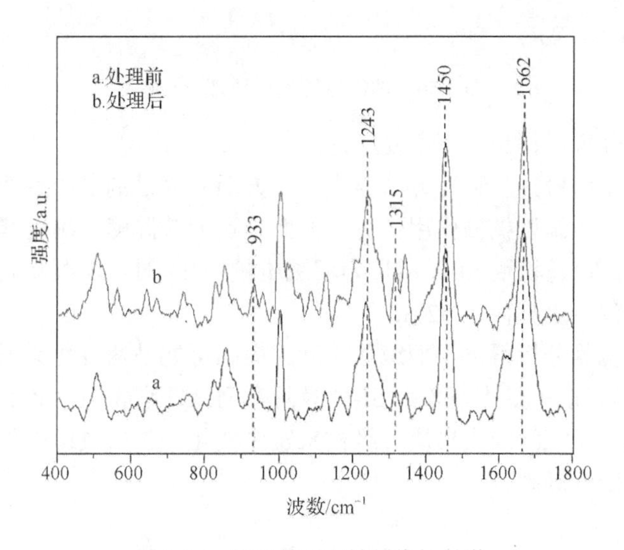

图3.55　处理前后羽绒纤维拉曼谱

归一化处理后发现一些谱带强度存在差异。由文献可知，933cm^{-1}是α-螺旋链构象的C—C骨架伸缩振动，1315cm^{-1}是α-螺旋链构象的酰胺Ⅲ的振动，1662cm^{-1}是α-螺旋链构象的酰胺Ⅰ的振动。从拉曼谱图中看出，经蓬松处理的羽绒角蛋白的这三个谱带强度都高于处理前的样品，表明处理后羽绒角蛋白分子的α-螺旋链构象相对增加。1243cm^{-1}是无规卷曲构象的酰胺Ⅲ的振动。蓬松处理后，1243cm^{-1}谱带强度降低，表明蓬松处理后羽绒角蛋白分子无规卷曲构象相对减少。可见，蓬松处理使得羽绒角蛋白的α-螺旋链构象增加，无规卷曲减少，蛋白质结构更加规整，宏观上的表现即为纤维的弹性增加，蓬松度提高。

结合羽绒蓬松处理流程，以及蓬松处理前后羽绒纤维角蛋白构象的变化情况绘制羽绒蓬松处理原理及流程图[37]，见图3.56。

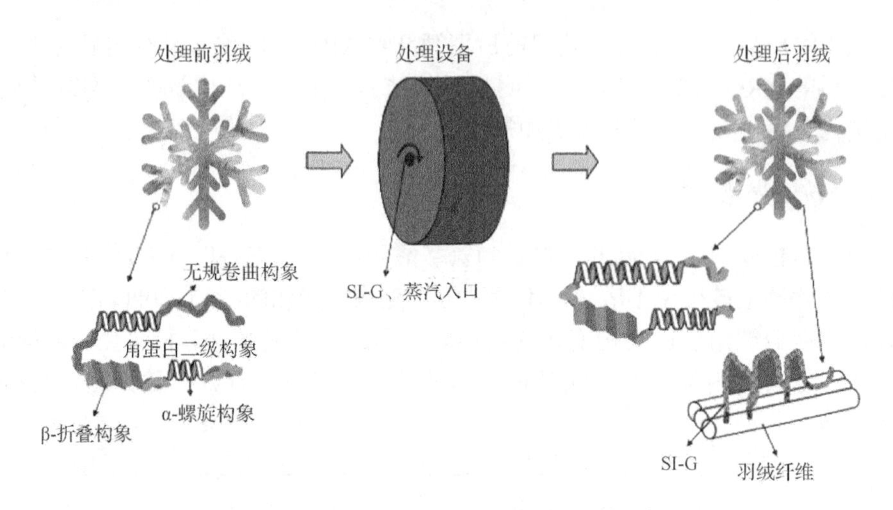

图 3.56　羽绒蓬松处理原理及流程

通过以上分析，得到以下主要结论：

（1）本章将蓬松剂与物理方法结合，一方面将蓬松剂喷洒到羽绒上，再投入羽绒处理设备中，施以机械作用；另一方面通过调节温度、湿度等物理条件来改善羽绒蓬松度。在蓬松剂 SI-G 用量为羽绒质量的 2%时，羽绒品质最佳，蓬松度提高了 49%，清洁度提高了 92%。

（2）通过检测分析得出，羽绒蓬松度的提高可能是两方面原因共同作用的结果。其一，氨基聚硅氧烷类蓬松剂 SI-G 吸附在羽绒纤维表面，使纤维光滑、柔软、有弹性；其二，羽绒纤维蛋白质二级构象发生变化，蛋白质结构更加规整，弹性增强，所以蓬松度提高。

第 4 章　降低羽绒粉尘含量的加工技术

4.1　羽绒粉尘来源分析

可以通过不同的烘干方式对比分析羽绒的粉尘来源。具体过程为：称取 200g 含绒量 60%的羽绒两份，分别加入质量分数 2%的洗涤剂洗涤 30min 后，再漂洗 30min，甩干羽绒。一份羽绒按常规操作，进行约 120℃的高温烘干，烘干时间设定为 10min，对烘干后的羽绒采用除尘机除尘，10min 后打包即可，检测羽绒水分含量；另一份羽绒甩干采用常温下晾干方式去除多余水分，晾干至水分含量与高温烘干羽绒相同。检测两者羽绒粉尘含量。

结果发现，烘干羽绒的粉尘含量明显高于自然晾干羽绒的粉尘含量。这说明羽绒的粉尘含量与烘干温度有很大的关系，高温烘干增加了羽绒的粉尘含量。原因可能是羽绒纤维由皮质层、皮层、表皮层以及包裹在纤维表皮层的薄膜组成，羽绒纤维在经过急速烘干时，水分挥发过快，急速干燥使得纤维形态结构发生破裂，导致纤维薄膜、皮质等从羽绒表层脱落，从而形成大量的粉尘。因此羽绒粉尘的来源为高温烘干过程[38]。

4.2　降低羽绒粉尘的加工工艺

柔顺剂的使用可以有效降低羽绒粉尘，主要原因为：在羽绒羽毛水洗工艺中添加柔顺剂，柔顺剂会形成一层薄膜包裹在羽绒纤维的表层，这层薄膜会降低羽绒羽毛在烘干时所受的损伤程度，从而达到减少羽绒粉尘的目的。

称取含绒量 60%的白鸭绒 200g，加入 2%的洗涤剂洗涤羽绒 30min，然后漂洗羽绒 30min；将 3%不同柔顺剂 T402（磷酸化羊毛脂）、F271（合成脂类共聚物）、TS08（天然的卵磷脂）、EM60（亚硫酸化天然油和合成油的复合物）、CK-10（亚硫酸化天然油和合成油的复合物）乳化后分别加入水洗体系；转动 60min 后，加入甲酸调节浴液 pH 至 3.8；转动 30min 后，漂洗羽绒 10min；排液、甩干、烘干、打包后，检验不同柔顺剂加入后羽绒粉尘含量。工艺设计如表 4.1 所示。

表 4.1　降低羽绒粉尘含量工艺设计

	用量/g	时间/min	温度/℃	pH
水	3000		50	
洗涤剂		30		
漂洗		30		
柔顺剂				
甲酸				3.8
漂洗		10		
甩干		10		
烘干		10	120	
除尘		10		
打包				

注：水和柔顺剂用量以羽绒质量计。

根据柔顺剂改善羽绒粉尘含量的状况，优化柔顺剂 T402、F271、TS08、EM60、CK-10 的用量，柔顺剂的考察用量依次为 1%、2%、3%、4%、5%、6%。

4.3　不同柔顺剂用量及使用时间对羽绒粉尘含量的影响

4.3.1　不同柔顺剂用量对羽绒粉尘含量的影响

称取 200g 羽绒，加入 2%的洗涤剂洗涤 30min，再用网筛漂洗 30min；加入 6%柔顺剂搅拌 60min 后，加入甲酸搅拌 30min，调节 pH 至 3.8；再次漂洗 30min 后，甩干、烘干、除尘 10min 后打包，查看羽绒粉尘等级。试验结果如表 4.2 所示。

表 4.2　羽绒除尘工艺试验结果

	T402	EM60	CK-10	F271	TS08	空白对比样
粉尘等级	5 级	5 级	5 级	5 级	5 级 油腻结团	2 级

注：试验样品为含绒量 60%的白鸭绒。表 4.3～表 4.5 同。

从表 4.2 可以看出，加入柔顺剂于羽绒水洗工艺中可以显著降低羽绒粉尘含量，提高羽绒粉尘等级。TJ-F402、EG60、MK、FL327 效果良好。TS08 出现强烈油腻感，可能原因是 TS08 乳化性差，不能形成均匀的水包油性乳液，未完全乳化的油性分子大量黏附在纤维表面后，易发生羽绒手感油腻，结团现象。因此 TS08 不适合作为降低羽绒粉尘含量的柔顺剂。

选取 T402、F271、EM60 和 CK-10 作为柔顺剂，柔顺剂的用量依次为 1%、

2%、3%、4%、5%、6%，羽绒经洗涤、柔顺、甩干、烘干、除尘处理后，评定羽绒粉尘含量的等级。结果具体见图 4.1。

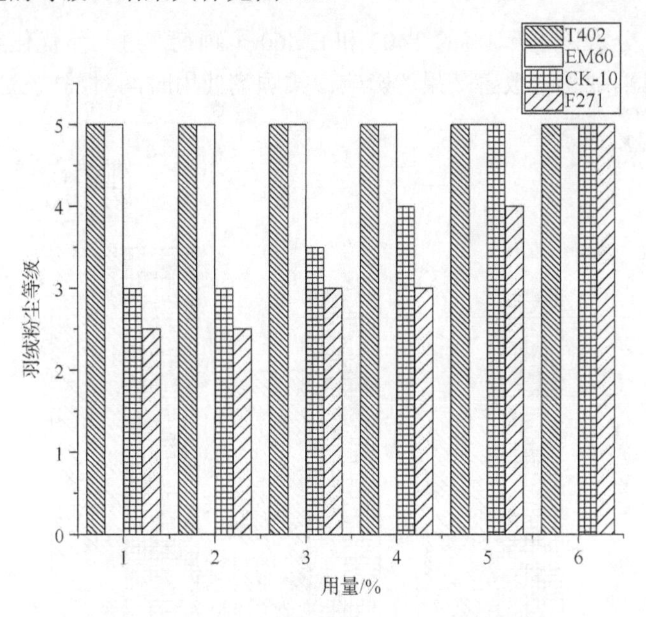

图 4.1　不同柔顺剂用量对羽绒粉尘含量的影响

从图 4.1 可以看出，T402 和 EM60 柔顺剂改善羽绒粉尘效果较好，即使在用量只有 1%时，也具有良好地改善羽绒粉尘含量的功效；EM60 和 CK-10 较同等用量的 F271 改善羽绒粉尘的效果较差，CK-10 在用量为 1%时，略改善了羽绒的粉尘含量，随着 CK-10 用量的增加，改善效果逐渐加强，在用量为 4%时，可以使羽绒粉尘含量达到 3 级，用量为 5%时，粉尘含量达到五级状态；F271 在用量为 6%时改善羽绒粉尘效果显著，随着 F271 用量的减少，改善羽绒的能力降低，在用量为 2%和 1%时，改善羽绒粉尘效果微弱。所以，在所选的四种剂中，T402 和 EM60 柔顺剂优于其他两种柔顺剂。

T402 为磷酸化羊毛脂，渗透性好，耐酸和电解质，与纤维的结合性高；吸水性强，易形成均匀的乳化溶液，具有滋润角蛋白，保持其水分防止表皮层干裂的功效；容易被人的皮肤和头发吸收，刺激性小。EM60 是一种亚硫酸化天然油和合成油的复合物，油润感、丝绸感强。CK-10 由亚硫酸化的天然油脂和合成加脂剂加工而成，耐光、耐热、抗冻。亚硫酸化的天然油脂中带有磺酸基，亲水性好，合成加脂剂的渗透性好，CK-10 产品结合了亚硫酸化天然油脂和合成加脂剂的优点。F271 为合成脂类共聚物，滋润性较天然油脂的改性物差，并且乳液稳定性不好，改善羽绒粉尘的效果较差。

4.3.2　柔顺剂使用时间对羽绒粉尘含量的影响

通过以上分析，选择 1%的 T402 和 EM60 柔顺剂，进一步优化柔顺剂的使用时间分析其对羽绒粉尘改善效果的影响。柔顺剂使用时间对羽绒粉尘含量的影响见图 4.2。

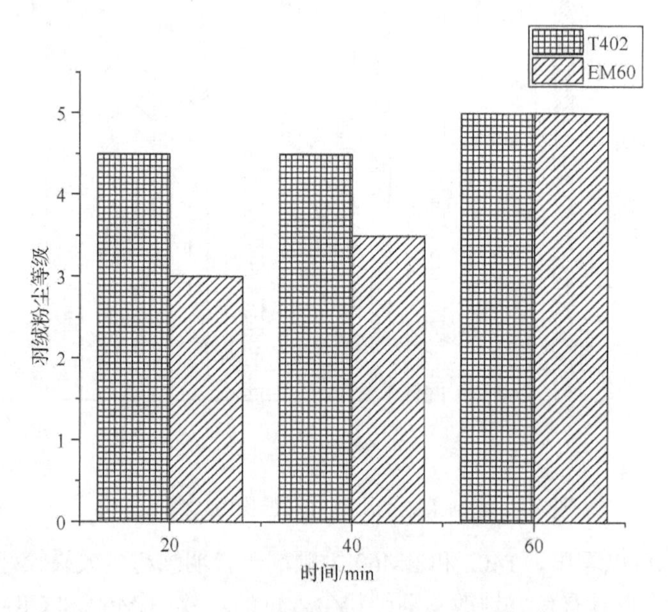

图 4.2　不同柔顺剂使用时间对羽绒粉尘含量的影响

从图 4.2 可以看出，随着 T402 和 EM60 柔顺剂使用时间的减少，两者改善羽绒粉尘的效果下降。T402 柔顺剂在使用 60min 时，羽绒的粉尘等级为 5 级，40min 和 20min 时下降为 4.5 级，说明时间对 T402 改善羽绒粉尘状况的影响不大。这可能是因为 T402 是一种磷酸化羊毛脂，乳化性高，与纤维结合力强，可以很容易地吸附在羽绒纤维的表面上，发挥其滋润毛发、保持水分的作用，进而减少烘干对羽绒纤维的损伤。

EM60 柔顺剂在使用 60min 时，羽绒的粉尘等级为五级，40min 时下降为 3.5 级，在 20min 时下降为 3 级。可见，使用时间对 EM60 改善羽绒粉尘状况的影响相较 T402 大。这可能是因为随着柔顺剂作用时间的缩短，EM60 与纤维的结合性减弱，附着在羽绒表面的柔顺剂分子含量减少，在烘干时对纤维的保护作用降低。

总的来看，对比 T402 和 EM60 改善羽绒粉尘含量，在最短使用时间 20min 时，1%的 T402 效果优于 EM60。

考察 1%的 T402 柔顺剂使用 20min 后，对各项指标的影响，其结果见表 4.3。

表 4.3　1%的 T402 柔顺剂使用前后效果对比

	粉尘等级	清洁度/mm	残脂率/%	气味
对比样	2	660	1.1	微弱
T402 柔顺剂	4.5	480	1.8	微弱

从表 4.3 可以看出，柔顺剂加入后，羽绒的粉尘含量得到了较好的改善，但是清洁度急剧下降，残脂率上升明显。虽然气味未发生变化，但清洁度和残脂率并未达标。原因是一部分柔顺剂与羽绒纤维结合得并不牢靠，在测清洁度时，随着振动等机械作用进入蒸馏水待测液中，使其透视度下降，造成羽绒清洁度降低。又因为 T402 本身是油性物质，所以使用后羽绒的残脂率上升。

4.4　pH 对羽绒粉尘含量的影响

经上述试验，改善羽绒粉尘状况的最佳柔顺剂为 T402，使用条件为：羽绒经洗涤剂洗涤并漂洗 30min；加入 1%的 T402 柔顺剂转动 20min；加入甲酸调节 pH 至 3.8；再转动 30min 后漂洗，甩干、烘干、除尘、打包。此工艺虽然可以改善羽绒粉尘含量，但是会造成羽绒清洁度不达标，残脂率不达标，并且耗时长，效率低，不利于工业化大生产的进行。

柔顺剂虽然可以很好地改善羽绒粉尘效果，但是它对残脂率、清洁度都有不利的影响，此外，还需要加入甲酸调节 pH，整个工序较为繁琐，用时较长，限制了柔顺剂的实际应用。

pH 对柔顺剂的影响主要是增加柔顺剂与纤维的结合性，所以在不加甲酸，并缩短作用时间的情况下，分析 pH 对柔顺剂 T402 改善羽绒粉尘含量的影响，结果见表 4.4。

表 4.4　pH 对柔顺剂 T402 改善羽绒粉尘含量的影响

	粉尘等级（加甲酸）	粉尘等级（未加甲酸）
1% T402	4.5	3.5
2% T402	5	4

表 4.4 表明，在柔顺剂用量相同时，与未加甲酸相比，加甲酸时柔顺剂改善羽绒粉尘效果更优。加甲酸时，经 1%的 T402 处理后的羽绒粉尘等级为 4.5 级，经 2%的 T402 处理后的羽绒粉尘等级为 5 级；未加甲酸时，经 1%的 T402 处理后的羽绒粉尘等级为 3.5 级，经 2%的 T402 处理后的羽绒粉尘等级为 4 级。另外可以看出，无论是加甲酸还是未加甲酸条件下，T402 用量为 2%时对羽绒粉尘改善效果均更优。

在未加甲酸的体系中，乳液分子与纤维的结合能力降低，乳液不易在纤维分子上形成薄膜。但是羽绒比表面积大，乳液分子可以靠物理吸附作用吸附在羽绒纤维上，减少羽绒在烘干时所受的损伤，从而在一定程度上改善羽绒的粉尘含量。虽然未加甲酸的体系不如加甲酸的体系改善羽绒粉尘效果好，但是可以大大缩短整个工序的时间。

在未加甲酸的体系中，使用含量 1%和 2%的 T402 柔顺剂，检验羽绒的粉尘等级、清洁度、残脂率、气味，使用前后的效果对比见表 4.5。

表 4.5　T402 柔顺剂使用前后效果对比

	粉尘等级	清洁度/mm	残脂率/%	气味
1% T402	3.5	600	1.2	微弱
2% T402	4	580	1.3	微弱
对比样	2	660	1.1	微弱

从表 4.5 可以看出，在未加甲酸的柔顺剂体系中，羽绒的粉尘含量得到明显改善，羽绒的清洁度稍有下降，残脂率有一定提高，但是符合羽绒质量检验标准。

综合试验结果，改善羽绒粉尘含量的试验方法为：羽绒经 2%的洗涤剂水洗 30min 又漂洗 30min 后，加入 1%～2%的柔顺剂转动 20min，再漂洗 10min，最后甩干、烘干、除尘、打包即可。

4.5　改善羽绒粉尘含量中试试验

根据试验室得到的羽绒加工方案，结合工厂的实际生产状况，对 T402 柔顺剂改善羽绒粉尘含量状况进行车间中试生产。因试验室与车间生产存在着机械作用力、液比等差异，对试验室工艺进行调整后，在车间的生产应用流程见图 4.3。毛片及高绒改善粉尘中试应用结果分别见表 4.6 和表 4.7。

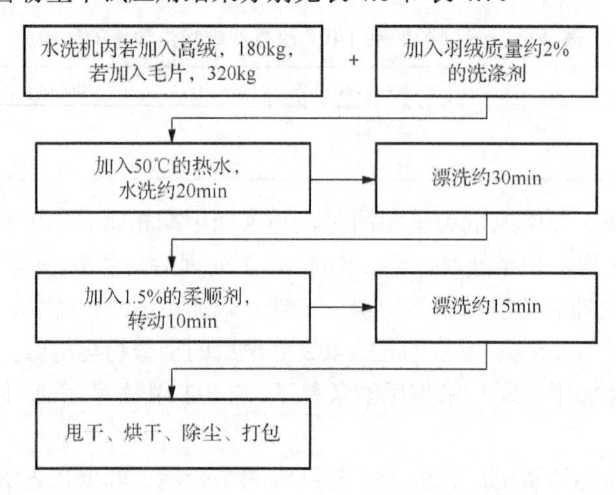

图 4.3　羽绒加工在车间的生产应用流程

表 4.6　毛片改善粉尘中试应用结果

	粉尘等级	残脂率/%	清洁度/mm	色泽
柔顺剂 T402	4	0.93	800	洁白
对比样	2	1.11	750	洁白

表 4.7　高绒改善粉尘中试应用结果

	粉尘等级	残脂率/%	清洁度/mm	蓬松度/cm^3	色泽
柔顺剂 T402	4	0.78	1000	550	发黄
对比样	2	0.83	900	559	洁白

将柔顺剂在毛片和高绒上进行中试后，羽绒的粉尘含量明显改善，残脂率和清洁度变化不大，但是均符合国家检测要求。毛片的色泽未发生变化，但是高绒的白度下降。这是因为高绒的比表面积很大，而 T402 乳液色泽较深，高绒会发生物理吸附，使自身颜色发生变化。

综上所述，可以得到以下主要结论：

本试验选用的 T402、F271、TS08、EM60 柔顺剂均能改善羽绒粉尘含量。优化得到的最优柔顺剂为 T402。当柔顺剂 T402 的用量为 1%时，羽绒的粉尘等级由 2 级升为 3.5 级，当柔顺剂 T402 的用量为 2%时，羽绒的粉尘等级由 2 级升为 4 级。

在改善羽绒粉尘含量的试验工艺流程中，低 pH 使 T402 的除尘效果更佳，但同时也会大幅度降低羽绒的清洁度，增加羽绒的残脂率，并且影响生产效率。因此，将车间改善羽绒粉尘含量的加工工艺改为：将羽绒用 2%的洗涤剂洗涤后，漂洗 30min，加入 T402 作用 10min 后，继续漂洗约 15min，之后再放毛、甩干、烘干、除尘、打包即可。

毛片、高绒中试改善羽绒粉尘效果良好。可以将羽绒的粉尘由 2 级升为 4 级，清洁度、残脂率和蓬松度均达到国家标准要求。

第5章　彩色羽绒的染色技术

5.1　羽绒染色的加工工艺

5.1.1　清洗羽绒加工过程

在进行染色试验前，为了防止羽绒上的粉尘、脏污对试验结果产生影响，需要先对羽绒进行清洗。具体操作工艺为：将原毛放入水洗机中加入洗涤剂和55℃的温水，水量直到可以完全浸湿羽绒为止，洗涤25min，然后漂洗10次，每次大约6min，最后加入除臭剂，除臭5min后出毛。羽绒经过甩干、烘干、除尘，最后打包。取含绒量90%的白鸭绒作为试验所用样品原料。

5.1.2　羽绒染色加工过程

试验使用红、黄、蓝三种颜色的染料在不同条件下对羽绒进行染色，所使用的工艺为[39]：

（1）将经过洗涤操作后的35g羽绒装入3500mL的锥形烧瓶中，加入1g的毛皮匀染剂DL，将1.5L温度为75℃（或70℃）的水加入锥形瓶中，摇晃使羽绒全部浸湿在液体中，再加入0.2g（或0.25g）的希力-F染料，使羽绒与染料充分接触后放入数显恒温水浴振荡器中进行染色。染色时间为30min（或40min），然后用甲酸调节pH至3.0，再加入1g迪力固色剂SLO继续固色30min。

（2）将染色好的羽绒经过200目的标准筛过滤，然后漂洗5次，一次3min，洗去浮色之后将羽绒用纱布包好放入三足式离心机中甩干10min。

（3）将甩干后的羽绒加入烘干机中烘干10min，再转入除尘机中除尘10min，然后打包装样以待后续检测。

对工艺中可能影响染色效果的因素通过平行试验确定其最优条件，影响羽绒染色的因素及其优化试验中的具体工艺参数如下。

1）温度

在毛皮染色中有句话叫“高温染毛被，低温染皮板”，由于毛皮和羽绒结构类似，所以试验在高温环境中对羽绒进行染色[40]。为了确定低温对染色效果的影响，在试验正式开始前，首先在常温下对羽绒进行30min染色，测试发现常温下羽绒掉色现象严重，用肉眼就可以辨别出，故染色需要在较高的温度下进行。试验最终确定在温度范围55～80℃中选取6个值进行染色，分别为55℃、60℃、65℃、

70℃、75℃、80℃，其他条件保持不变。温度的控制以温度计测量锥形烧瓶内的温度为标准，化开染料的水温度也和试验要求的温度相同。

2）染料用量

染料价格较贵，为了减少生产成本，需要对染料用量进行优化，以期用最少的染料完成染色。试验最终确定在浓度范围 0.1～0.35g/L 中选取 6 个值对染料的量进行优化，分别为 0.1g/L、0.15g/L、0.2g/L、0.25g/L、0.3g/L、0.35g/L，其他条件保持不变。需要注意的是，加入染料前需先加入匀染剂，原因是羽绒表面有一层致密的膜使其亲水性差，匀染剂在此有润湿和匀染的作用。

3）pH

pH 的调节是为给后加入的固色剂创造一个更好的反应条件。试验通过选取 pH 为 2.5（适于染色的最低点）、3.0、4.0、5.0、6.0、7.0 6 个值对其进行优化。在试验过程中使用 pH 试纸来测量 pH。

4）固色剂用量

固色剂，顾名思义是提高染色牢度的化学试剂。调节固色剂的用量可以达到提高染色牢度的效果，同时也可以节省化料，减少生产成本。固色剂是微阳离子性的，可以与阴离子染料结合起到固色作用。试验通过在浓度范围 0～2.5g/L 中选取 6 个值对固色剂的量进行优化，分别为 0g/L、0.5g/L、1.0g/L、1.5g/L、2.0g/L、2.5g/L，其他条件保持不变。

5）染色时间

调节时间可以有效提高染色效率，节省劳动成本。调节染色时间时，如果间隔时间太短，试验结果变化不大；间隔时间太长，会使试验操作耗时过多，产生不必要的能耗损失。因此在 10～60min 每间隔 10min 取一次样来确定最佳染色时间。

6）固色时间

在 10～60min 每间隔 10min 取一次样来确定最佳固色时间。

5.2　不同羽绒染料及染色技术

5.2.1　染料最大吸收波长

试验测得希力®毛皮红 F-2R 的最大吸收波长为 520nm，在此波长下红色染料的吸光度为 1.86；希力®毛皮黄 F-GY 的最大吸收波长为 400nm，在此波长下黄色染料的吸光度为 0.44；希力®毛皮蓝 F-TB 的最大吸收波长为 590nm，在此波长下的吸光度为 0.76。测得的染料的最大吸收波长可以用于后续染料的检测[41]。

图 5.1（a）是希力®毛皮红 F-2R 染料的波长变化和对应吸光度的趋势图，从图中可以看出在波长范围 320～420nm，染料吸光度随波长的增大而减小；在 420～520nm，染料吸光度随波长的增大而变大；在 520～580nm，染料吸光度随波长的增大又大幅度减小；在 580～800nm，随着波长的增加，染料吸光度呈缓慢的减小趋势，曲线越来越平缓；吸光度在 520nm 处达到最大。图 5.1（b）是希力®毛皮黄 F-GY 的波长变化和对应吸光度的趋势图，从图中可以看出在 320～400nm，染料吸光度随波长的增大迅速增大；在 400～500nm，染料吸光度随波长的增大而减小；在 500～800nm，染料吸光度随波长的增大减小到最小值，曲线接近一条水平的直线；吸光度在 400nm 处达到最大。图 5.1（c）是部分希力®毛皮蓝 F-TB 的波长变化和对应吸光度的趋势图，从图中可以看出在波长范围 500～590nm，染料吸光度随波长的增大呈增大趋势；在 590～660nm，染料吸光度随波长的增大逐渐减小；在 660～700nm，染料吸光度随波长的增大又有所增大；吸光度在 590nm 处达到最大。

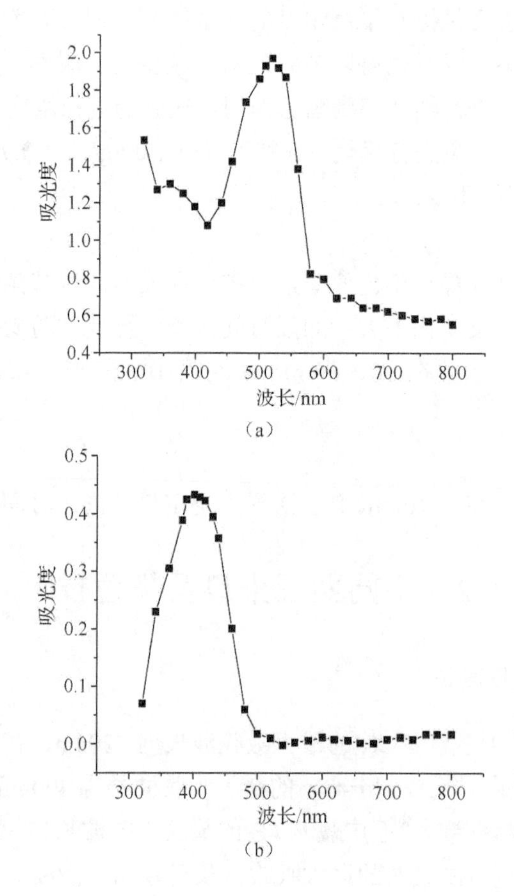

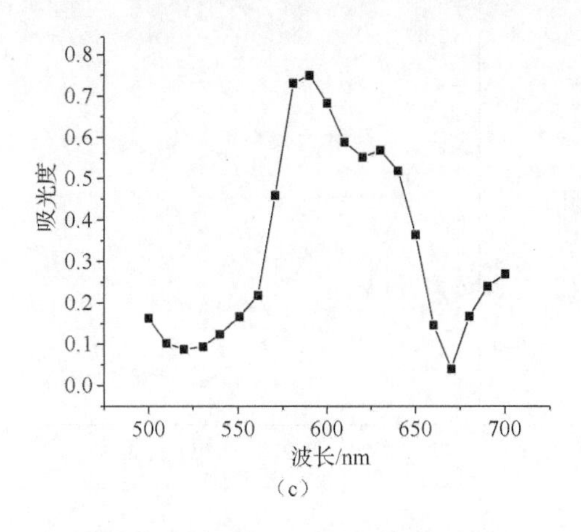

（c）

图 5.1　希力®毛皮红 F-2R（a）、希力®毛皮黄 F-GY（b）和希力®毛皮蓝 F-TB（c）溶液吸光度随波长变化

5.2.2　不同因素对染料与羽绒纤维结合牢度的影响

1. 温度对染料与羽绒纤维结合牢度的影响

图 5.2 是希力®毛皮红 F-2R、希力®毛皮黄 F-GY 和希力®毛皮蓝 F-TB 染料的吸光度随温度变化的趋势图。从图 5.2 可以看出，随着染色温度的升高，经红、黄、蓝三种染料染色的羽绒在水洗后，水洗液中染料的吸光度均有所降低。也就是说随着染色温度的升高，这三种染料与羽绒的结合牢度增大。这是因为温度的升高会加快染料内的分子运动，染料与羽绒能够更加均匀地混合，有利于染料的渗透吸收，染料与羽绒纤维的结合更加牢固。从图 5.2 中也可以看出，红色染料与羽绒纤维的结合牢度随着温度的升高逐渐增强，一直到 75℃趋于平缓，因此选择 75℃作为红色染料的最适染色温度。蓝色染料随着温度的升高与羽绒纤维的结

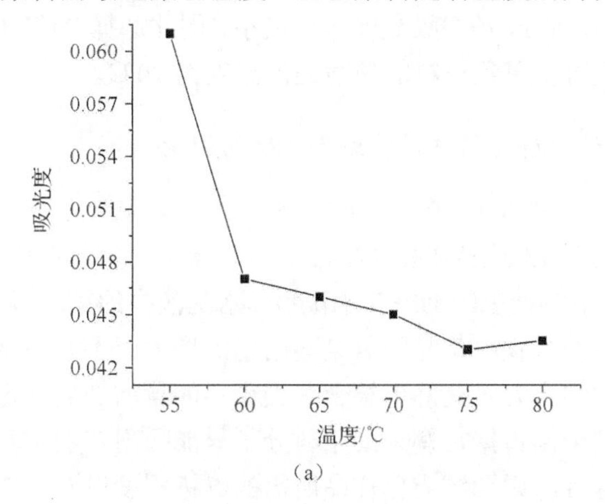

（a）

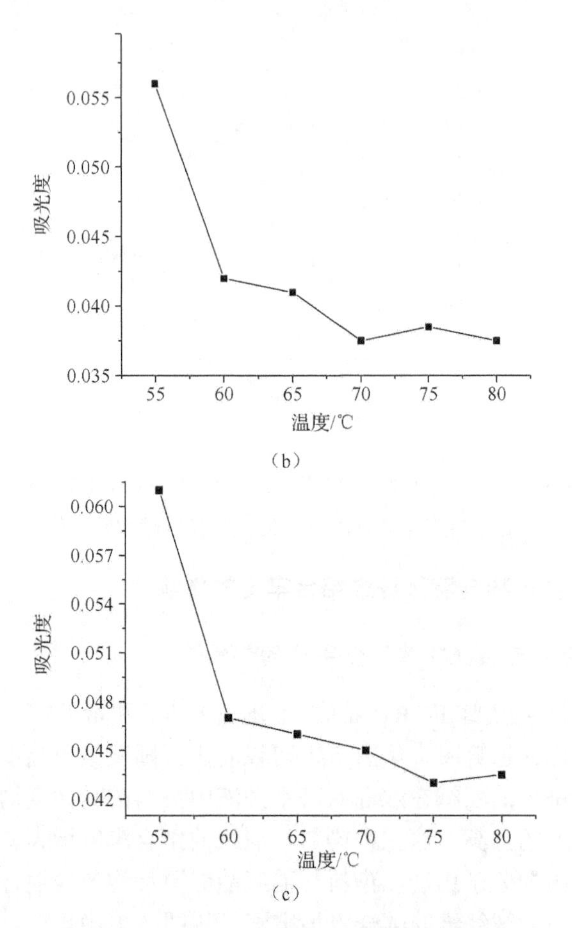

图 5.2　希力®毛皮红 F-2R（a）、希力®毛皮黄 F-GY（b）和希力®毛皮蓝 F-TB（c）吸光度随温度变化

合牢度也逐渐减小，直到 70℃吸光度达到最小，因此选择 70℃作为蓝色染料的最适染色温度。同理可得黄色染料的最适染色温度为 70℃。

2. 染料用量对染料与羽绒纤维结合牢度的影响

图 5.3 是希力®毛皮红 F-2R、希力®毛皮黄 F-GY 和希力®毛皮蓝 F-TB 染料的吸光度随染料用量变化的趋势图。从图 5.3 可以得出，随着染料用量的逐渐增加，经红、黄、蓝三种染料染色的羽绒在水洗后，水洗液中的染料吸光度均有所上升，也就是说三种染料的吸收率都是随着染料用量的增大而不断减小。这是因为染料分子与羽绒纤维的结合方式是静电结合，当染料的量增加到一定程度时，羽绒纤维上的氨基已经被全部占据，剩余的染料分子只能吸附在羽绒表面，没有形成结合，易被洗掉。综合考虑羽绒染色样品所需的鲜艳程度以及节约染料等因素，最

终确定红色染料的最适染料用量为 0.2g/L，蓝色染料的最适染料用量为 0.2g/L，黄色染料的最适染料用量为 0.25g/L。

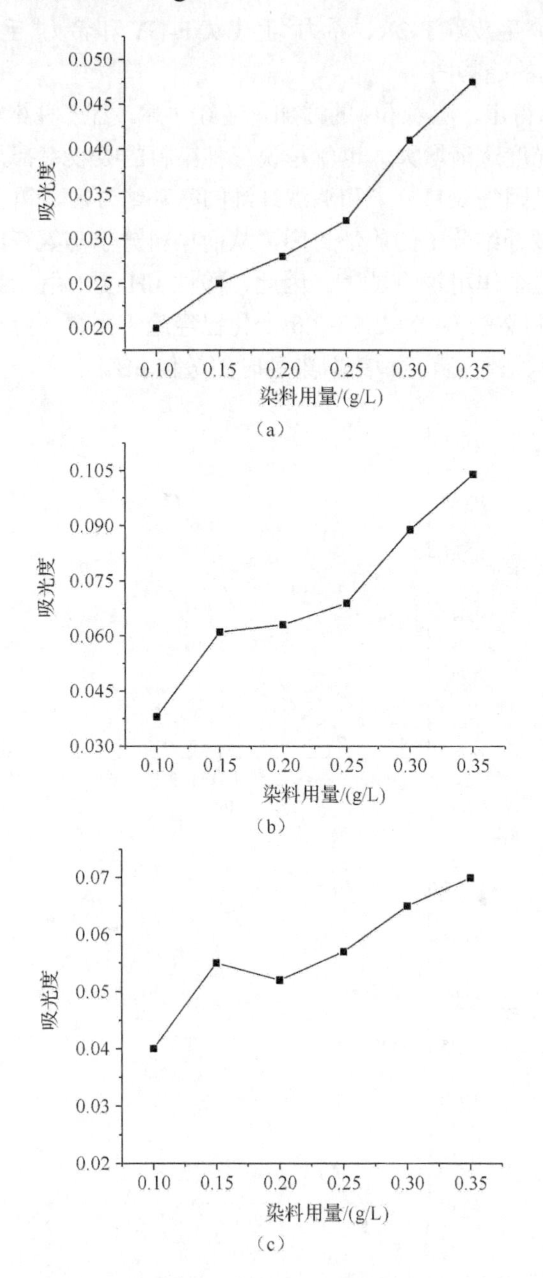

图 5.3　希力®毛皮黄 F-GY（a）、希力®毛皮红 F-2R（b）和希力®毛皮蓝 F-TB（c）吸光度随染料用量变化

3. pH 对染料与羽绒纤维结合牢度的影响

图 5.4 是希力®毛皮红 F-2R、希力®毛皮黄 F-GY 和希力®毛皮蓝 F-TB 染料的吸光度随 pH 变化的趋势图。

从图 5.4 可以得出，随着 pH 的增加，经红、黄、蓝三种染料染色的羽绒，水洗液中的染料吸光度逐渐增大，也就是说三种染料的吸收率都是随着 pH 的增大而不断减小。这是因为染料分子和羽绒纤维的氨基结合后，需要加甲酸调节 pH，酸性环境会使羽绒纤维分子的羧基封闭，从而染料分子与氨基结合更加牢固，且甲酸用量越大，这个作用越明显[42]。因此，酸性 pH 更有利于染料分子与羽绒纤维的结合。三条曲线在 pH 为 2.5～3.0 变化已经趋于平缓，综合考虑节约能源，最后确定 3.0 为红、黄、蓝三种染料染色时的最佳 pH。

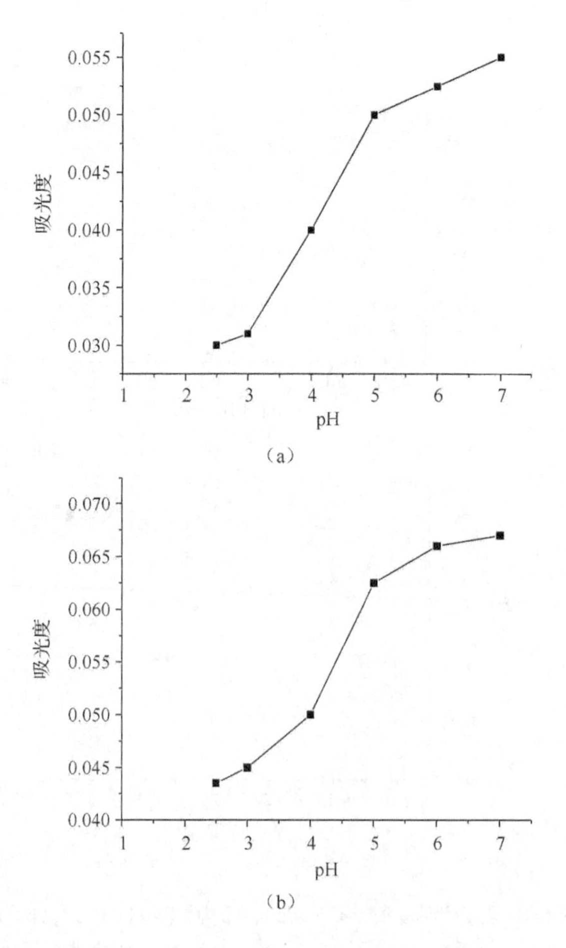

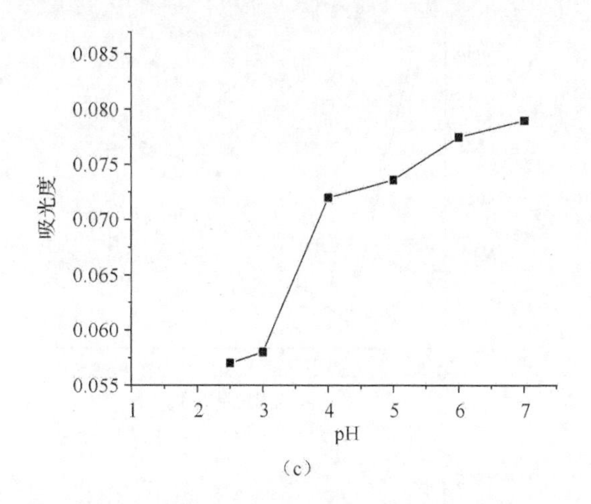

（c）

图 5.4　希力®毛皮黄 F-GY（a）、希力®毛皮蓝 F-TB（b）和
希力®毛皮红 F-2R（c）吸光度随 pH 变化

4. 固色剂用量对染料与羽绒纤维结合牢度的影响

图 5.5 是希力®毛皮红 F-2R、希力®毛皮黄 F-GY 和希力®毛皮蓝 F-TB 染料的吸光度随固色剂用量变化的趋势图。

从图 5.5 可知，随着固色剂用量的增加，经红、黄、蓝三种染料染色的羽绒在水洗后，水洗液中的染料吸光度出现先降低后增大的趋势，也就是说三种染料的吸收率都是随着固色剂用量的增大先增大后减小的。这可能是因为在染色初期固色剂用量的适度增加会使其与染料的接触更加充分，从而有利于染料的固色效果；而固色剂除了会与染料分子结合，还会与蛋白质的羧基结合，当固色剂用量过度增加时，它与蛋白质结合的速度就会大于与染料分子的结合速度，这样会使

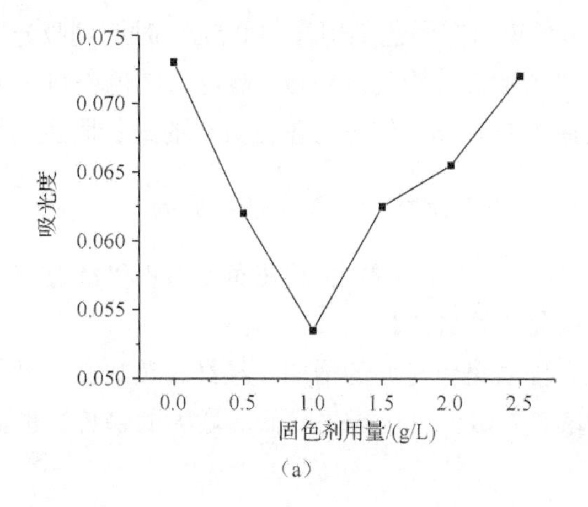

（a）

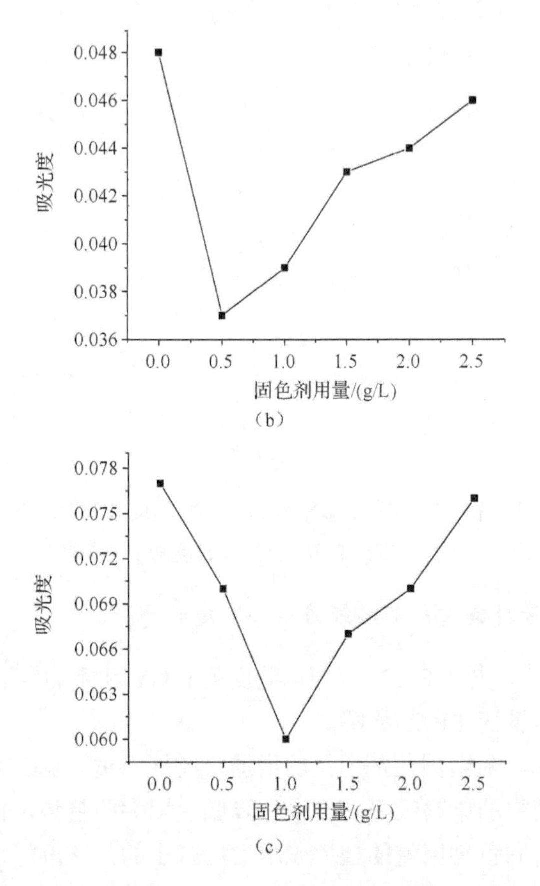

图 5.5　希力®毛皮红 F-2R（a）、希力®毛皮黄 F-GY（b）和希力®毛皮蓝 F-TB（c）吸光度随固色剂用量变化

部分染料分子不能被结合而依附在羽绒表面，从而造成水洗液中染料分子的增加。从图 5.5 还可知，黄色染料在固色剂用量为 0.5g/L 时达到吸光度最低点，因此选择 0.5g/L 作为黄色染料的最佳固色剂用量。蓝色与红色染料在 1.0g/L 时吸光度达到最低点，因此选择 1.0g/L 作为红色与蓝色染料的最佳固色剂用量。

5. 染色时间对染料与羽绒纤维结合牢度的影响

图 5.6 是希力®毛皮红 F-2R、希力®毛皮黄 F-GY 和希力®毛皮蓝 F-TB 染料的吸光度随染色时间变化的趋势图。

从图 5.6 可知，随着染色时间的增加，经红、黄、蓝三种染料染色的羽绒在水洗后，水洗液中的染料吸光度出现先降低后增大的趋势，也就是说三种染料的

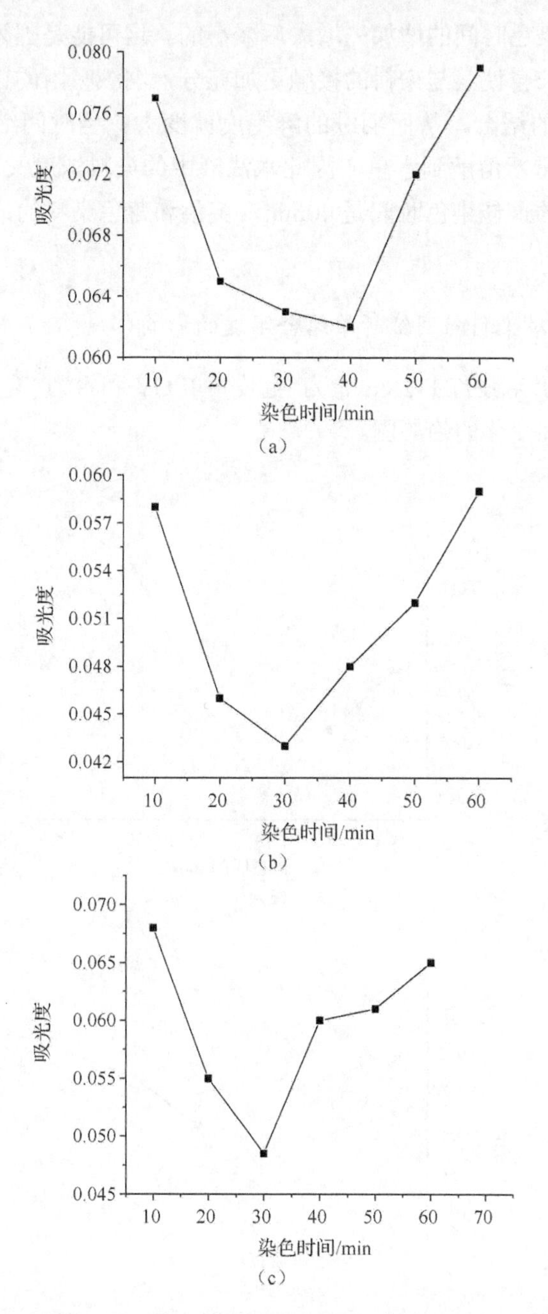

图 5.6　希力®毛皮红 F-2R（a）、希力®毛皮黄 F-GY（b）和希力®毛皮蓝 F-TB（c）吸光度随染色时间变化

吸收率都是随着染色时间的增加先增大后减小的。这可能是因为在染色初期，染色时间的适度延长会使其与染料的接触更加充分，羽绒吸附的染料也就增多，有利于染料与纤维的结合，从而羽绒的鲜艳度就变大；当时间继续延长时，结合不牢固的染料又重新溶解到水里，因此水洗液中的染料浓度又变大了。从图 5.6 可知，红色染料的最佳染色时间是 40min，黄色和蓝色染料的最佳染色时间均为 30min。

6. 固色时间对染料与羽绒纤维结合牢度的影响

图 5.7 是希力®毛皮红 F-2R、希力®毛皮黄 F-GY 和希力®毛皮蓝 F-TB 染料的吸光度随固色时间变化的趋势图。

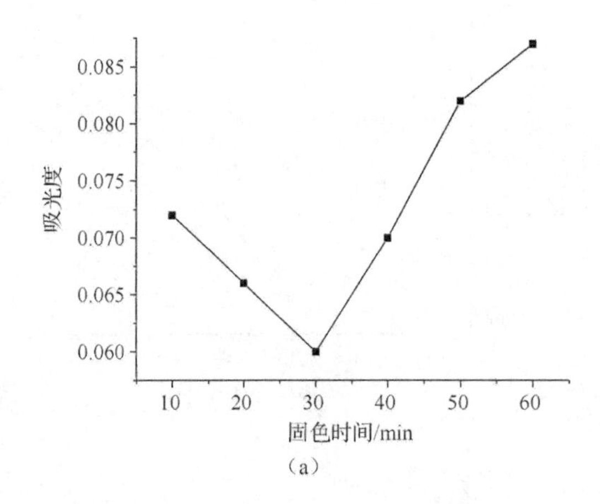

（a）

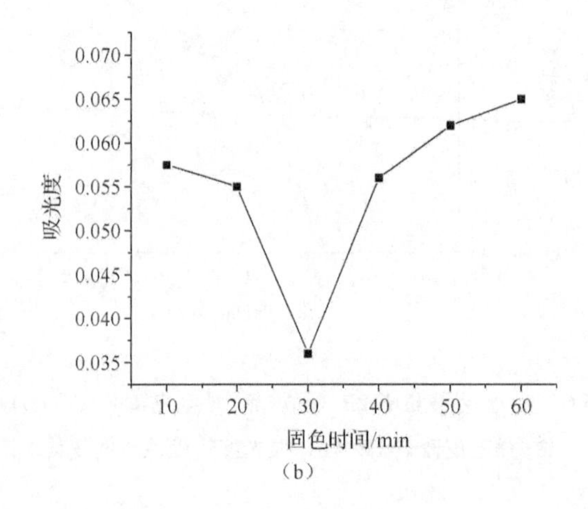

（b）

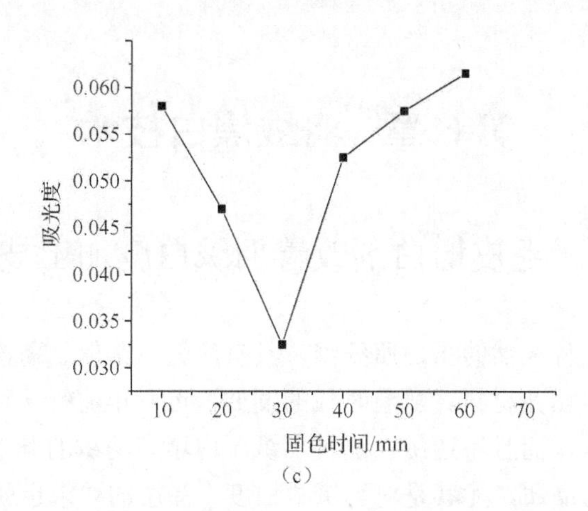

（c）

图 5.7　希力®毛皮红 F-2R（a）、希力®毛皮蓝 F-TB（b）和希力®毛皮黄 F-GY（c）吸光度随固色时间变化

从图 5.7 可知，随着染色时间的增加，经红、黄、蓝三种染料染色的羽绒在水洗后，水洗液中的染料吸光度出现先降低后增大的趋势，也就是说三种染料的吸收率都是随着固色时间的增加先增大后减小的。这可能是因为在染色初期，固色时间的适度延长会使固色剂分散得更均匀，固色剂与染料接触得更充分，有利于固色效果的增强，从而羽绒的鲜艳度就变大；当时间继续延长时，结合不牢固的染料重新溶解到水里，因此水洗液中的染料浓度又变大了。从图 5.7 可知，红色、蓝色、黄色染料的最佳固色时间均为 30min。

综上，水洗后的白鸭绒在高温下采用红、黄、蓝三种希力-F 系列毛皮染料进行染色，再经过漂洗、烘干、除尘等工序后进行耐水洗色牢度检测，使用单因素法通过大量的平行试验讨论了染色温度、染料用量、染色时间、固色前 pH、固色剂用量、固色时间等因素对染色效果的影响，最终得到在工厂操作条件下对羽绒进行染色的工艺。通过检测得到的羽绒染色最终工艺如下。

（1）红色染料：染色温度 75℃，染料用量 0.2g/L，固色前 pH 为 3.0，固色剂用量 1.0g/L，染色时间 40min，固色时间 30min。

（2）蓝色染料：染色温度 75℃，染料用量 0.2g/L，固色前 pH 为 3.0，固色剂用量 1.0g/L，染色时间 30min，固色时间 30min。

（3）黄色染料：染色温度 70℃，染料用量 0.25g/L，固色前 pH 为 3.0，固色剂用量 0.5g/L，染色时间 30min，固色时间 30min。

第 6 章　羽绒漂白技术

6.1　毛皮增白剂改善羽绒白度加工技术

羽绒纤维是一种天然的蛋白质纤维，具有质轻、柔软、蓬松、保暖等特性，是优良的防寒保暖填充材料。随着时代的发展，近两年流行一种新型羽绒服装面料，不仅轻薄柔软，而且不透绒，这种羽绒服内填充羽绒的纤维形态和颜色清晰可见。这对羽绒的品质，尤其是对羽绒“白度”品质的要求也就更加严苛。

6.1.1　加工工艺

根据文献[43]和工厂实际工艺确定出了毛皮增白剂改善羽绒白度的工艺，具体工序见表 6.1。

表 6.1　毛皮增白剂改善羽绒白度工艺

	用量	温度/℃	时间/min
水洗后白鸭绒	35g		
水	1.05L	*Y*	
渗透剂	2g/L		
甲酸	0.6g/L		
增白剂	*X* g/L		*Z*
漂洗			10
脱水			10
烘干		80	10
冷却除尘			10
打包			

注：试验样品为含绒量 90%的白鸭绒，水和其他添加剂用量以羽绒质量计。表 6.11、表 6.12 同。

取 35g 水洗后鸭绒于三角瓶中，依次加入一定温度的水 1.05L、渗透剂 2g/L、甲酸 0.6g/L 和一定量增白剂；摇匀，使羽绒充分润湿；置于水浴振荡器中振荡一定时间；漂洗 10min 后脱水、烘干、冷却除尘、打包。

6.1.2　增白剂 W-HC 对羽绒白度的影响

增白剂 W-HC 不同用量、作用温度及作用时间对羽绒白度的影响分别见表 6.2、表 6.3 和表 6.4。

表 6.2　增白剂 W-HC 用量对羽绒白度的影响

用量/（g/L）	R457 白度/%	黄度指数
0	56.53	15.30
0.2	61.73	11.27
0.4	63.74	8.91
0.6	63.91	9.55
0.8	63.82	7.37

注：试验样品为含绒量 90%的白鸭绒，增白剂用量以羽绒质量计。表 6.5、表 6.8 同。

表 6.3　增白剂 W-HC 作用温度对羽绒白度的影响

温度/℃	R457 白度/%	黄度指数
40	62.07	12.04
50	63.17	9.91
60	62.82	9.56
70	64.78	6.03
80	63.67	6.30

注：试验样品为含绒量 90%的白鸭绒。表 6.4、表 6.6、表 6.7、表 6.9、表 6.10 同。

表 6.4　增白剂 W-HC 作用时间对羽绒白度的影响

时间/min	R457 白度/%	黄度指数
10	60.41	11.06
20	63.03	10.13
30	61.12	10.99
40	60.75	8.27
50	60.35	8.98

增白剂 W-HC 为荧光增白剂，主要成分是苯乙烯类化合物，此类物质一方面能够吸收波长在 350nm 左右的近紫外光线，并将其转换成蓝光，而蓝、黄互为补色，泛黄的织物可以被蓝光补正，产生增白效果；另一方面苯乙烯类化合物会增加物体对透射来的光线的发射率，当发射光的强度超过投射来的光的强度，人们观察物体时就会发现其白度增加。

从表 6.2 可知，随着增白剂 W-HC 的用量增加，羽绒的 R457 白度整体趋势为逐渐增大，黄度指数逐渐减小。综合考虑，增白剂 W-HC 最佳用量为 0.4g/L。

从表 6.3 可知，随着温度的升高，羽绒的 R457 白度先逐渐增大，在 70℃时，白度达到最大值 64.78%，然后又有略微下降；而黄度指数则随着温度的升高逐渐减小，同样是在 70℃时达到最低值。因此，增白剂 W-HC 的最佳作用温度定为 70℃。

从表 6.4 可知，随着时间的增加，羽绒的 R457 白度和黄度指数并不稳定。综合考虑选取 20min 为最佳作用时间。

综上所述，增白剂 W-HC 改善羽绒白度的最佳工艺条件为：增白剂 W-HC 用量 0.4g/L，温度 70℃，时间 20min。在此最佳工艺条件下，羽绒的 R457 白度为 63.85%，相比于没有增白的羽绒样品（56.53%），白度提高率为 13%；黄度指数为 7.02，相比于没有增白的羽绒样品（15.30），黄度指数降低率为 54%。

6.1.3　增白剂 WZS 对羽绒白度的影响

增白剂 WZS 不同用量、作用温度及作用时间对羽绒白度的影响分别见表 6.5、表 6.6 和表 6.7。

表 6.5　增白剂 WZS 用量对羽绒白度的影响

用量/（g/L）	R457 白度/%	黄度指数
0	57.65	16.07
0.2	62.44	10.29
0.4	62.95	9.19
0.6	62.95	9.05
0.8	64.25	7.73

表 6.6　增白剂 WZS 作用温度对羽绒白度的影响

温度/℃	R457 白度/%	黄度指数
30	62.94	10.54
40	60.31	9.93
50	64.56	9.36
60	66.04	6.88
70	60.69	5.64

表 6.7　增白剂 WZS 作用时间对羽绒白度的影响

时间/min	R457 白度/%	黄度指数
10	62.94	8.26
20	61.82	6.42
30	60.51	8.43
40	60.82	6.95
50	61.43	9.22

增白剂 WZS 主要成分和增白剂 W-HC 类似，也是苯乙烯类化合物，故增白原理与 W-HC 相同。

从表 6.5 可知，随着增白剂 WZS 用量的增加，羽绒的 R457 白度逐渐增大，黄度指数逐渐减小，增白剂 WZS 用量为 0.8g/L 时，白度和黄度指数最佳，故将 0.8g/L 定为增白剂 WZS 最佳用量。

从表 6.6 可知，随着温度的升高，羽绒的 R457 白度先增大后减小，在 60℃时，白度值最大为 66.04%，同时在 60℃时，黄度指数也相对较小，故将增白剂 WZS 的作用温度定为 60℃。

从表 6.7 可知，随着时间的增加，羽绒的 R457 白度和黄度指数都不稳定，且白度增加不明显。综合考虑选取 20min 为最佳作用时间。

综上所述，增白剂 WZS 改善羽绒白度的最佳工艺条件为：增白剂 WZS 用量 0.8g/L，温度 60℃，时间 20min。在此最佳工艺条件下，羽绒的 R457 白度为 64.37%，相比于没有增白的羽绒样品（57.65%），白度提高率为 12%；黄度指数为 7.14，相比于没有增白的羽绒样品（16.07），黄度指数降低率为 56%。

6.1.4　增白剂 F-IN 对羽绒白度的影响

增白剂 F-IN 不同用量、作用温度及作用时间对羽绒白度的影响分别见表 6.8、表 6.9 和表 6.10。

表 6.8　增白剂 F-IN 用量对羽绒白度的影响

用量/（g/L）	R457 白度/%	黄度指数
0	57.01	18.98
1.0	57.41	17.26
2.0	56.94	16.90
3.0	54.75	15.65
4.0	56.12	17.25

表 6.9　增白剂 F-IN 作用温度对羽绒白度的影响

温度/℃	R457 白度/%	黄度指数
30	55.62	17.20
40	55.83	18.13
50	56.96	19.04
60	58.60	18.47
70	60.35	17.19

增白剂 F-IN 为不含荧光成分的标准型还原漂白剂。还原漂白是通过还原试剂使色素还原褪色，从而增加被漂白物的白度。

表 6.10　增白剂 F-IN 作用时间对羽绒白度的影响

时间/min	R457 白度/%	黄度指数
10	56.77	18.61
20	57.80	17.04
30	57.98	18.71
40	57.70	18.89
50	56.67	17.38

从表 6.8 可知，随着增白剂 F-IN 用量的增加，羽绒的 R457 白度逐渐减小，黄度指数变化不大。

从表 6.9 可知，随着温度的升高，羽绒的 R457 白度逐渐增大，但是增幅不大，在 70℃时，白度仅为 60.35%，黄度指数依然居高不下。

从表 6.10 可知，随着时间的增加，羽绒的 R457 白度和黄度指数呈现上下波动，但是白度波动幅度较小，变化值不大。

综上所述，增白剂 F-IN 在改善羽绒白度试验中，效果不佳。究其原因，增白剂 F-IN 是标准型还原漂白剂，还原剂能还原色素，从而提高白度，但是还原漂白剂的缺点在于用其漂白的产品在空气中放置一段时间后，空气中的氧会将已经还原的色素再次氧化，恢复色素本来的颜色。因此，增白剂 F-IN 改善羽绒白度效果不佳。

根据以上分析，总结如下：

（1）增白剂 W-HC 改善羽绒白度的最佳工艺条件：增白剂 W-HC 用量为 0.4g/L，温度为 70℃，作用时间为 20min。在此最佳工艺条件下，羽绒的 R457 白度提高率为 13%，黄度指数降低率为 54%。

（2）增白剂 WZS 改善羽绒白度的最佳工艺条件为：增白剂 WZS 用量为 0.8g/L，温度为 60℃，作用时间为 20min。在此最佳工艺条件下，羽绒的 R457 白度提高率为 12%，黄度指数降低率为 56%。

（3）苯乙烯类荧光增白剂 W-HC 和 WZS 可以改善羽绒白度，但是白度提高幅度不大，提高率仅为 12%左右。含有还原漂白剂的增白剂 F-IN 改善羽绒白度效果不佳，羽绒置于空气中会恢复本来颜色。

6.2　过乙酸漂白羽绒加工技术

6.2.1　过乙酸漂白羽绒工艺

根据工厂实际工艺确定出了过乙酸漂白羽绒的工艺，具体工序见表 6.11。

表 6.11　过乙酸漂白羽绒工艺

	用量	温度/℃	时间/min	pH
水洗后白鸭绒	10g			
水	500mL	*A*		
润湿剂 WT-H	2g/L			
过乙酸	*X* g/L			
偏硅酸钠（$Na_2SiO_3 \cdot 5H_2O$）	*Y* g/L		*B*	*C*
漂洗			10	
自然干燥				

取 10g 水洗后鸭绒置于三角瓶中，依次加入一定温度的水 500mL、润湿剂 WT-H（2g/L）、一定量的过乙酸和一定量的稳定剂偏硅酸钠（$Na_2SiO_3 \cdot 5H_2O$）；摇匀使羽绒充分润湿；调节 pH；将三角瓶置于水浴振荡器中振荡一定时间，漂洗 10min 后自然干燥。

6.2.2　过乙酸用量对羽绒白度及蓬松度的影响

本试验采用 WSB-L 白度计测定羽绒白度。由于测试方法不同，所测数值与 WS-SD 白度/色度计测得的数值没有可比性，仅将白度提高率作为参考标准。未被过乙酸漂白的羽绒样品的白度为 28.80%，蓬松度为 808cm^3。

图 6.1 为过乙酸用量对羽绒白度和蓬松度的影响。

从图 6.1 可知，随着过乙酸用量的增加，羽绒的白度波动上升，但是提升幅度不大，提升速率逐渐下降。原因是过乙酸漂白过程中易分解，导致漂白效率不高。过乙酸作为氧化剂，可以破坏羽绒纤维双分子膜及角蛋白结构，导致羽绒纤维结构受损，蓬松度降低。但是从试验结果可以看出，无论过乙酸用量如何变化，羽绒的蓬松度一直稳定在 600cm^3 左右，变化不大。这是因为过乙酸易被分解成其他无漂白效果的成分，利用率低。即使增加过乙酸的用量，其有效漂白成分的含量变化不大。综合考虑，选择过乙酸用量为 25g/L。

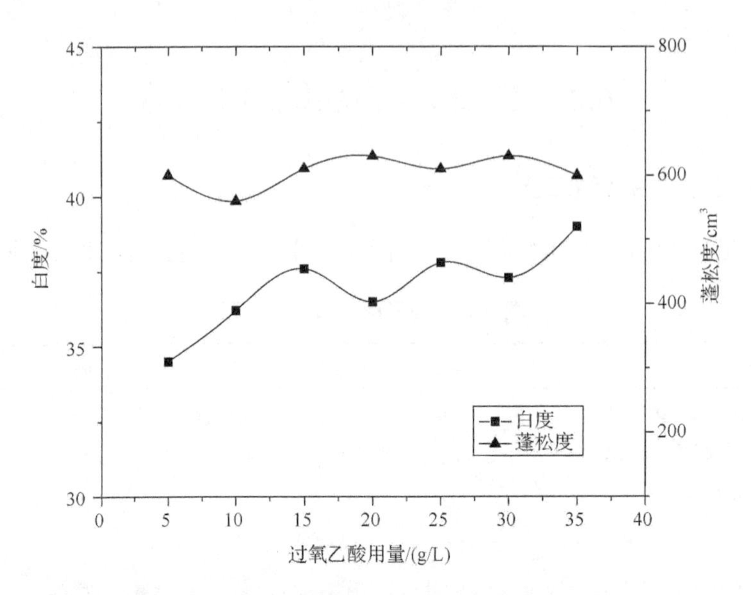

图 6.1　过乙酸用量对羽绒白度及蓬松度的影响

6.2.3　偏硅酸钠用量对羽绒白度及蓬松度的影响

偏硅酸钠用量对羽绒白度及蓬松度的影响见图 6.2。

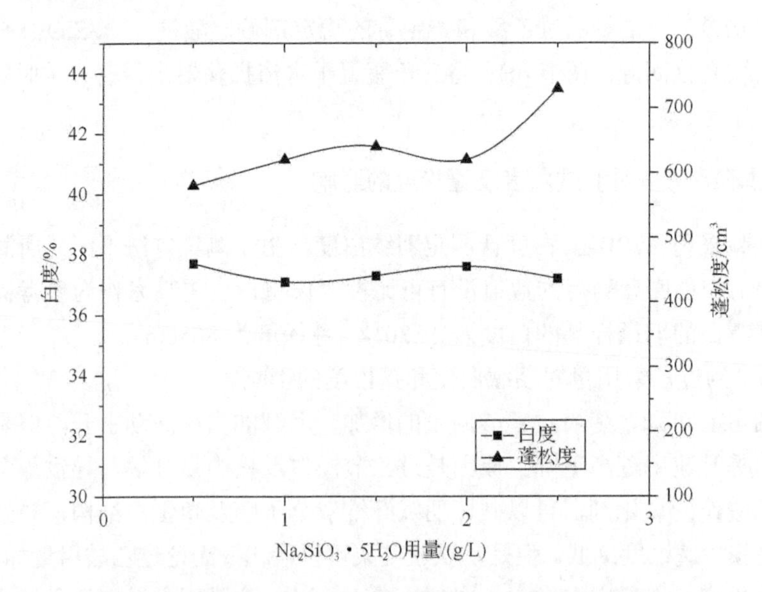

图 6.2　$Na_2SiO_3 \cdot 5H_2O$ 用量对羽绒白度及蓬松度的影响

从图 6.2 可知，偏硅酸钠用量的变化并不会影响羽绒白度，其始终稳定在 37%左右。说明改变稳定剂偏硅酸钠的用量对提升漂白效果的作用不大。在漂白工序中加入偏硅酸钠的作用主要是络合水中的金属离子，稳定过乙酸的分解，使其不受水中金属离子的影响。由此得出试验用水中的金属离子含量极少，稳定剂偏硅酸钠用量对漂白成效的影响不大。随着偏硅酸钠用量的增加，羽绒的蓬松度先小幅增加再降低。综上，选择偏硅酸钠用量为 1.5g/L。

6.2.4 温度对羽绒白度及蓬松度的影响

漂白温度对羽绒白度及蓬松度的影响见图 6.3。

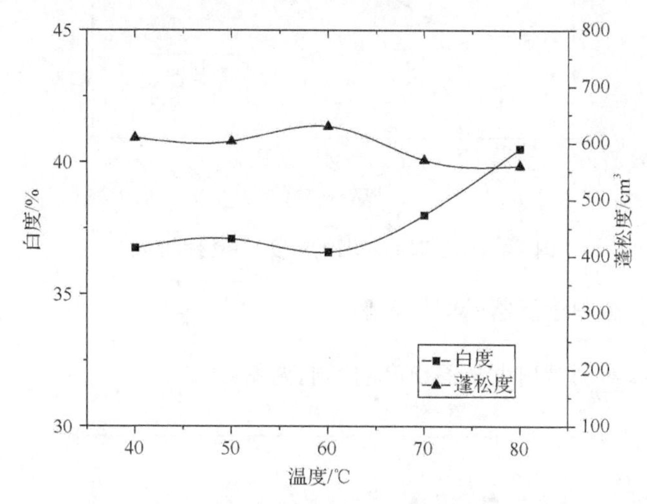

图 6.3 漂白温度对羽绒白度及蓬松度的影响

从图 6.3 可以看出，羽绒白度在 40～60℃比较稳定，说明在此温度范围内，过乙酸的分解速率变化不大，导致漂白效果相差无几；60℃以后，羽绒白度开始上升，这是因为过乙酸的分解速率增大，产生的漂白有效成分的浓度上升，导致漂白作用更加显著；70℃后，蓬松度略有下降，是因为 70℃以后过乙酸分解速率大幅增大，氧化性有效成分浓度进一步上升，氧化剂进入纤维内部，对羽绒纤维损伤严重，导致蓬松度有轻微下降。综上所述，选择 60℃为过乙酸漂白的最佳温度。

6.2.5 时间对羽绒白度及蓬松度的影响

漂白时间对羽绒白度及蓬松度的影响见图 6.4。

从图 6.4 可知，漂白时间增加会使羽绒白度上升。这是由于处理时间越长，过乙酸分解越彻底，漂白有效成分越多且作用时间长，反应越充分，所以白度也会逐渐增加。漂白时间超过 60min，羽绒蓬松度再无太大变化。综上所述，选择过乙酸漂白羽绒的时间为 60min。

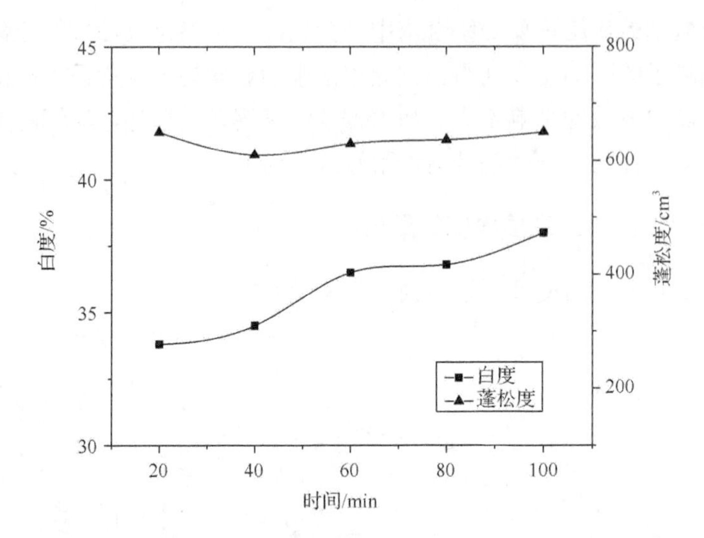

图 6.4　漂白时间对羽绒白度及蓬松度的影响

6.2.6　pH 对羽绒白度及蓬松度的影响

漂白液 pH 对羽绒白度及蓬松度的影响见图 6.5。

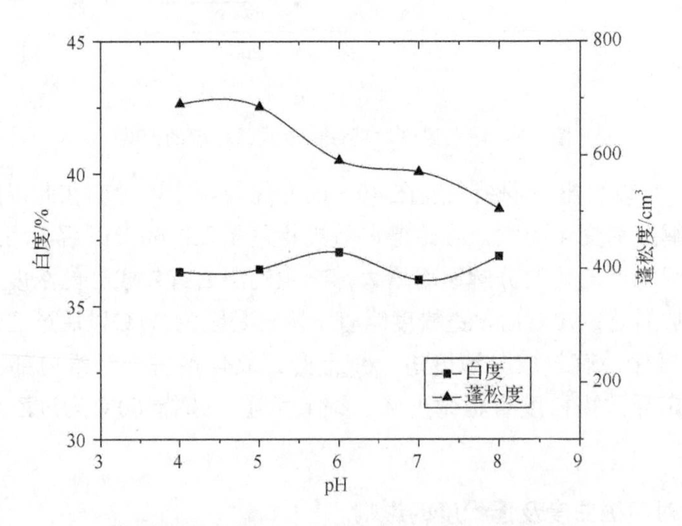

图 6.5　漂白液 pH 对羽绒白度及蓬松度的影响

从图 6.5 可知，随着 pH 的增大，羽绒的白度先增大后减小，蓬松度逐渐下降。这是因为羽绒纤维具有抗酸不抗碱的特性，酸的主要作用为断裂羽绒角蛋白中的盐式键，碱则可以破坏羽绒角蛋白二硫键，使羽绒纤维角蛋白结构遭到破坏，羽绒的弹性降低和蓬松度下降。综上所述，选择过乙酸漂白羽绒的 pH 为 5。

综上所述，可以得到以下主要结论：

（1）根据过乙酸用量、偏硅酸钠用量、温度、时间、pH 对羽绒白度和蓬松度的影响，确定了过乙酸漂白羽绒的最佳工艺条件为：过乙酸用量为 25g/L、偏硅酸钠用量为 1.5g/L、温度为 60℃、时间为 60min、pH 为 5。在此最佳工艺条件下对羽绒进行漂白，得到漂白后羽绒白度为 36.84%，与未漂白羽绒相比，白度提高率为 28%；蓬松度为 648cm^3，比未漂白羽绒蓬松度降低了 20%。

（2）以过乙酸为漂白剂、偏硅酸钠作为稳定剂对羽绒纤维进行漂白，可以提高羽绒白度，但是氧化剂对羽绒纤维损伤严重，会造成羽绒纤维的蓬松度下降。

6.3 过氧化氢漂白羽绒加工技术

6.3.1 过氧化氢漂白羽绒工艺

采用过氧化氢[44]漂白羽绒的工艺见表 6.12。

表 6.12 过氧化氢漂白羽绒工艺

	用量	温度/℃	时间/min	pH
水洗后白鸭绒	10g			
水	500mL	*A*		
润湿剂 WT-H	2g/L			
过氧化氢	*X* g/L			
焦磷酸钠	*Y* g/L		*B*	*D*
四乙酰乙二胺（TAED）	*Z* g/L		*C*	
漂洗			10	
自然干燥				

取 10g 水洗后鸭绒于三角瓶中，依次加入一定温度的水 500mL、2g/L 的润湿剂 WT-H、一定量的过氧化氢及一定量的稳定剂焦磷酸钠；摇匀使羽绒充分润湿；调节 pH，将三角瓶置于水浴振荡器中振荡一定时间；加入一定量的 TAED 后再振荡一定时间；漂洗 10min 后自然干燥。

6.3.2 过氧化氢漂白羽绒单因素试验结果分析

1. 过氧化氢用量对羽绒白度及蓬松度的影响

未被过氧化氢（H_2O_2）漂白的羽绒样品的白度为 28.59%，蓬松度为 722cm^3。过氧化氢用量对羽绒白度及蓬松度的影响见图 6.6。

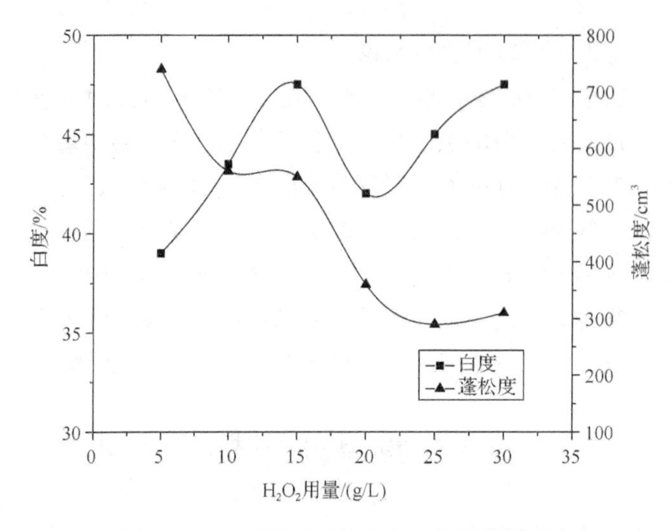

图 6.6　H_2O_2用量对羽绒白度及蓬松度的影响

从图 6.6 可知，羽绒的白度随着过氧化氢用量的增加而逐渐增大，在过氧化氢用量为 15g/L 时达到 47%左右。这是因为随着过氧化氢用量的增加，HOO^-浓度增加，漂白能力逐渐增强。在这之后，随着过氧化氢用量的增加，羽绒白度未超过 47%。同时，随着过氧化氢用量的增加，羽绒的蓬松度逐渐减小。这是因为过氧化氢具有氧化性，可以将羽绒角蛋白中的二硫键氧化成磺酸基，角蛋白结构遭到破坏，羽绒弹性降低，蓬松度下降。所以过氧化氢用量的增加会导致羽绒结构的破坏和蓬松度的下降。综合考虑，过氧化氢漂白羽绒工艺中过氧化氢的最佳用量为 15g/L。

2. 焦磷酸钠用量对羽绒白度及蓬松度的影响

焦磷酸钠（$Na_4P_2O_7$）用量对羽绒白度及蓬松度的影响见图 6.7。

从图 6.7 可知，羽绒的白度随着焦磷酸钠用量的增加先增大后减小。在焦磷酸钠用量为 1.2g/L 时，羽绒白度最佳。原因可能是重金属离子的存在使得过氧化氢过早催化分解，造成漂白剂的失效和纤维结构的损伤。焦磷酸钠的加入可以络合水中的重金属离子，控制过氧化氢的分解，避免纤维损伤。所以随着焦磷酸钠用量的增加，羽绒的白度会逐渐增大。焦磷酸钠用量继续增加后，会减缓过氧化氢的分解速率，导致羽绒白度逐渐减小。同时还可以观察到，随着焦磷酸钠用量的增加，羽绒的蓬松度缓慢减小。这是因为随着焦磷酸钠用量的增加，浴液的 pH 会缓慢上升，而羽绒不耐碱，在碱性环境下，羽绒角蛋白中的二硫键会断开，破坏角蛋白结构，所以羽绒蓬松度逐渐下降[45]。综上考虑，过氧化氢漂白羽绒工艺中焦磷酸钠最佳用量为 1.2g/L。

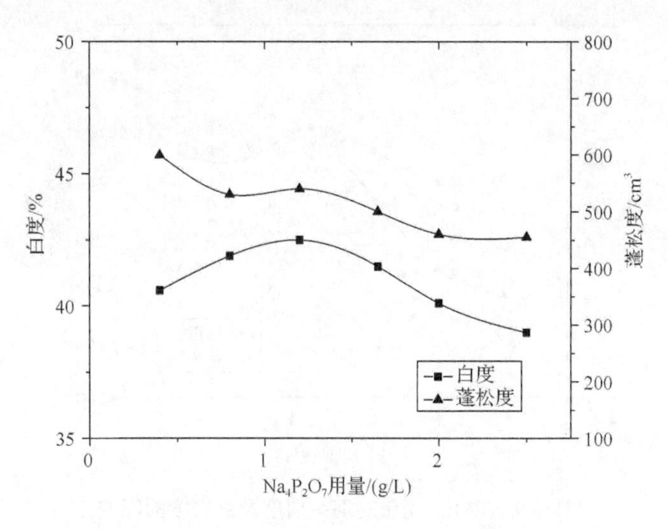

图 6.7　$Na_4P_2O_7$ 用量对羽绒白度及蓬松度的影响

3. TAED 用量对羽绒白度及蓬松度的影响

TAED 为过氧化氢活化剂。在漂白过程中，过氧化氢会发生分解，生成具有氧化漂白能力的 HOO^-，而 TAED 可以和 HOO^- 发生亲核取代反应，生成氧化性更高的过乙酸根（CH_3COOO^-）。具体的反应机理见图 6.8。

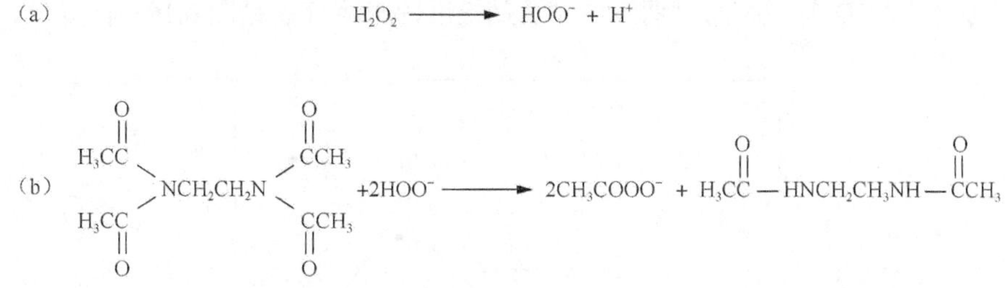

（a）

$$H_2O_2 \longrightarrow HOO^- + H^+$$

（b）

$$(H_3C{-}\overset{O}{\overset{\|}{C}})_2NCH_2CH_2N(\overset{O}{\overset{\|}{C}}{-}CH_3)_2 + 2HOO^- \longrightarrow 2CH_3COOO^- + H_3C\overset{O}{\overset{\|}{C}}{-}HNCH_2CH_3NH{-}\overset{O}{\overset{\|}{C}}CH_3$$

图 6.8　漂白过程的反应机理：（a）过氧化氢分解；（b）TAED 与 HOO^- 的亲核取代反应

TAED 用量对羽绒白度及蓬松度的影响如图 6.9 所示。

从图 6.9 可知，羽绒的白度和蓬松度随着 TAED 用量的增加都呈现先增大后减小的趋势。这主要是因为随着 TAED 用量的增加，过氧化氢分解出来的过乙酸根离子逐渐增多，漂白能力逐渐提高，羽绒白度提高。过氧化氢作为氧化剂还会将羽绒纤维表面的甾醇细胞膜氧化成酸，破坏双分子膜；同时还可以氧化羽朊中的多种氨基酸，使羽绒纤维结构遭到破坏。因此，当 TAED 用量较少时，HOO^- 的浓度不高，氧化剂主要作用于羽绒纤维表面，破坏纤维表面薄膜，使水中溶质向

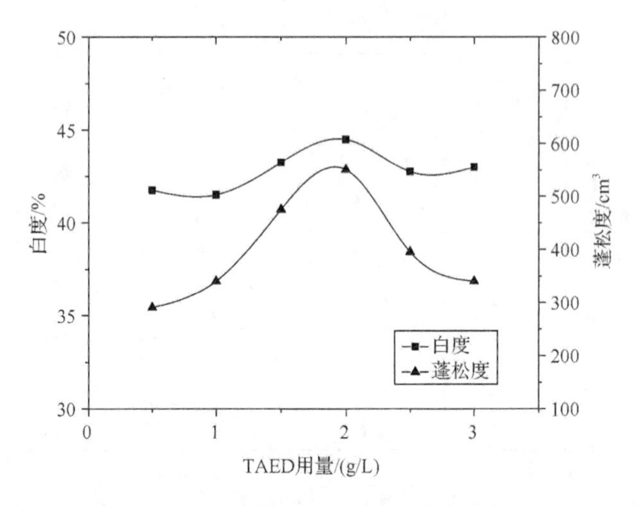

图 6.9　TAED 用量对羽绒白度及蓬松度的影响

纤维内部渗透，纤维膨胀，弹性增加，蓬松度提高。但随着 TAED 用量的增大，氧化成分的浓度不断增加，使得羽绒纤维表面严重损伤，同时羽朊中的多种氨基酸被氧化，角蛋白结构遭到破坏失去弹性，因此蓬松度大大降低。综上考虑，过氧化氢漂白羽绒工艺中 TAED 最佳用量为 2.0g/L。

4. 加入 TAED 前后时间对羽绒白度及蓬松度的影响

加入 TAED 前后时间对羽绒白度及蓬松度的影响分别见图 6.10、图 6.11。

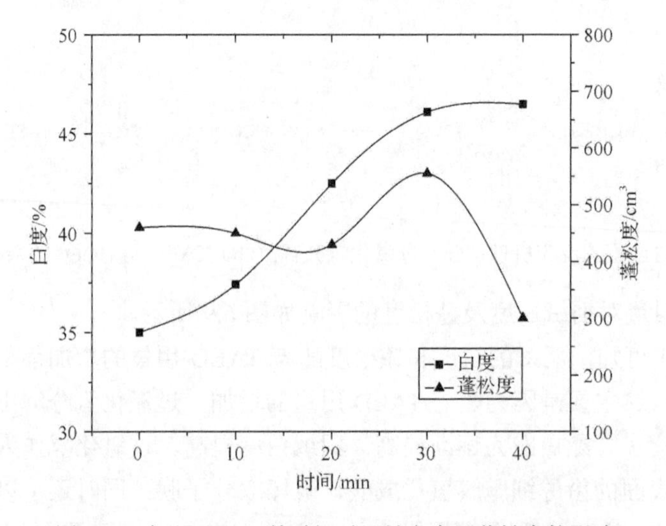

图 6.10　加入 TAED 前时间对羽绒白度及蓬松度的影响

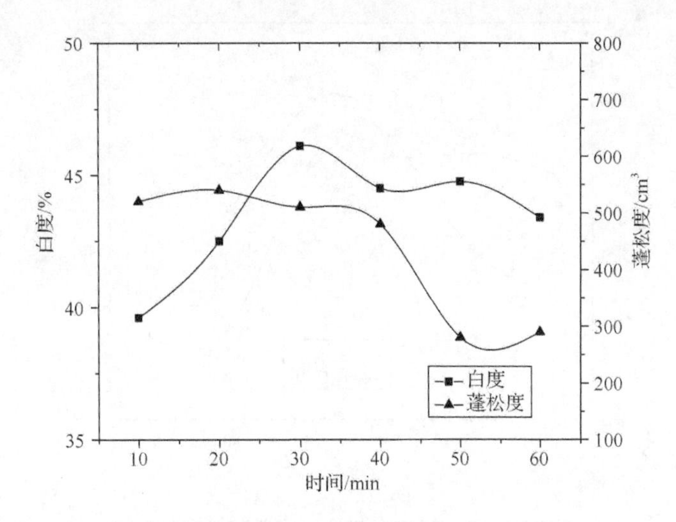

图 6.11　加入 TAED 后时间对羽绒白度及蓬松度的影响

从图 6.10 可知，加入 TAED 前，羽绒的白度随着时间的增加不断提升。这主要是因为随着时间的增加，过氧化氢逐渐分解产生 HOO^-，当加入 TAED 后，即与 HOO^- 发生亲核取代反应，生成 $COOO^-$，漂白效率增加，从而白度不断提高。但是随着时间的进一步增加，氧化剂对羽绒纤维的损伤越来越严重，其蓬松度下降。综上考虑，过氧化氢漂白羽绒工艺中 TAED 加入前的时间为 30min。

由图 6.11 可知，加入 TAED 后，羽绒的白度随着时间的增加先增加后趋于稳定。这主要是因为 TAED 的加入活化了过氧化氢的分解，可以使白度在很短的时间内提高很多。随着时间的进一步增加，羽绒蓬松度不断降低，说明过氧化氢漂白时间不宜过长，宜采用短时间、高浓度的漂白方法，在过氧化氢还未对羽绒角蛋白进行深度破坏时，完成对羽绒的漂白。综合考虑，过氧化氢漂白羽绒工艺中 TAED 加入后的时间为 30min。

5. 温度对羽绒白度及蓬松度的影响

漂白温度对羽绒白度及蓬松度的影响见图 6.12。

从图 6.12 可知，羽绒的白度随着温度的升高先增大再降低。这是因为随着温度的提升，过氧化氢的分解速率逐渐增大，HOO^- 浓度增加，漂白能力逐渐增强；但是当温度超过 70℃，过氧化氢会快速分解，导致漂白效果不断下降。在 40～70℃温度对羽绒的蓬松性能无太大影响，原因是 70℃以后过氧化氢分解会导致 HOO^- 的浓度骤增，氧化成分的浓度不断增加，羽绒纤维表面严重损伤，同时羽朊中的多种氨基酸被氧化，角蛋白结构遭到破坏失去弹性，蓬松度也会大大降低。综合考虑，过氧化氢漂白羽绒工艺的最佳温度为 70℃。

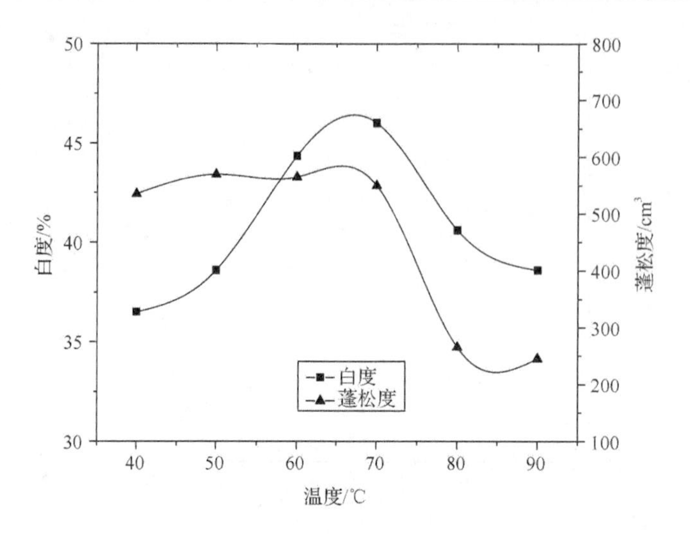

图 6.12　漂白温度对羽绒白度及蓬松度的影响

6. pH 对羽绒白度及蓬松度的影响

漂白液 pH 对羽绒白度及蓬松度的影响见图 6.13。

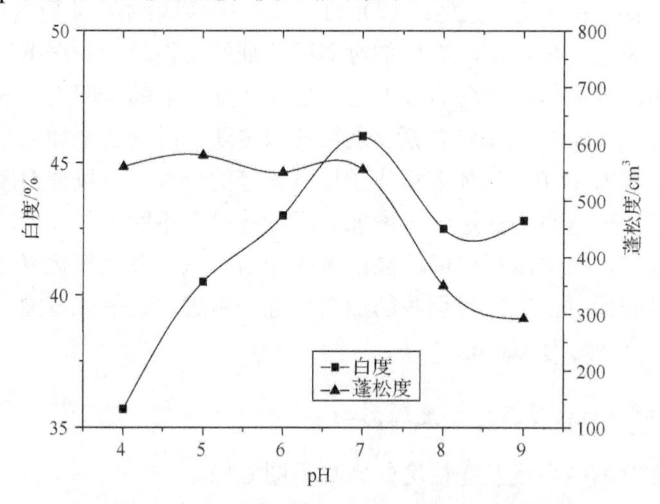

图 6.13　漂白液 pH 对羽绒白度及蓬松度的影响

从图 6.13 可知，羽绒白度随着 pH 的增大先增大后减小。这是因为随着 pH 的升高，HOO^-的浓度增大，漂白效果渐佳。但当 pH 大于 7 后，漂白液呈碱性，羽绒纤维的盐式键等分子间键和羽朊中胱氨酸的二硫键都会被破坏。羽绒会因此变得发黄发脆，光泽暗淡，白度降低。同理，羽绒纤维耐酸能力较强，在酸性条件下羽绒蓬松度无明显变化，随着 pH 的升高，碱性增强，羽绒纤维遭到破坏，弹性降低，蓬松度下降。综合考虑，过氧化氢漂白羽绒工艺中最佳 pH 为 7。

6.3.3 过氧化氢漂白羽绒正交试验结果极差分析

根据 L_{18}（3^7）正交表的要求对羽绒进行处理，检测羽绒的白度和蓬松度，并对试验结果进行极差分析。由于本试验选取白度和蓬松度作为分析指标，故需要计算指标隶属度。分别计算白度和蓬松度的隶属度。指标隶属度计算公式见式（3.1）。

白度指标和蓬松度指标重要性相同，权重均为0.5，故分别将两次试验的白度隶属度、蓬松度隶属度相加得到指标。正交试验重复两次，得到指标1和指标2，正交试验结果分析见表6.13。

表6.13 正交试验结果分析

试验号	*A*	*B*	*C*	*D*	*E*	*F*	*G*	指标1	指标2	和
1	1	1	1	1	1	1	1	0.41	0.56	0.97
2	1	2	2	2	2	2	2	0.69	0.67	1.36
3	1	3	3	3	3	3	3	0.43	0.74	1.17
4	2	1	1	2	2	3	3	0.65	0.65	1.30
5	2	2	2	3	3	1	1	1.77	2.00	3.77
6	2	3	3	1	1	2	2	1.09	1.20	2.29
7	3	1	2	1	3	2	3	0.54	0.48	1.02
8	3	2	3	2	1	3	1	0.43	0.54	0.97
9	3	3	1	3	2	1	2	0.97	1.35	2.32
10	1	1	3	3	2	2	1	1.00	0.32	1.32
11	1	2	1	1	3	3	2	0.26	0.32	0.58
12	1	3	2	2	1	1	3	0.68	0.66	1.34
13	2	1	2	3	1	3	2	1.23	0.72	1.95
14	2	2	3	1	2	1	3	0.61	0.77	1.38
15	2	3	1	2	3	2	1	1.50	1.44	2.94
16	3	1	3	2	3	1	2	0.86	0.96	1.82
17	3	2	1	3	1	2	3	1.13	0.86	1.99
18	3	3	2	1	2	3	1	1.04	1.12	2.16
K_{1j}	6.74	8.38	10.10	8.40	9.51	11.60	12.13			
K_{2j}	13.63	10.05	11.60	9.73	9.84	10.92	10.32			
K_{3j}	10.28	12.22	8.95	12.52	11.30	8.13	8.20			
R	6.89	3.84	2.65	4.12	1.97	3.47	3.93			

注：*A*为过氧化氢用量；*B*为TAED用量；*C*为焦磷酸钠用量；*D*为温度；*E*为加TAED前时间；*F*为加TAED后时间；*G*为pH。

极差 R 越大，因素的重要性越大。由表 6.13 可知，单个因素的极差 R 的大小顺序为 $A>D>G>B>F>C>E$，故过氧化氢漂白羽绒的因素主次及重要性依次为过氧化氢的用量（A）、温度（D）、pH（G）、TAED 用量（B）、加 TAED 后时间（F）、焦磷酸钠用量（C）、加 TAED 前时间（E）。由 K 值可知过氧化氢漂白羽绒最佳工艺为 $A_2B_3C_2D_3E_3F_1G_1$，即过氧化氢用量 15g/L，焦磷酸钠用量为 1.3g/L，温度为 70℃，pH 为 5.5，时间为 35min，TAED 用量为 2.3g/L，时间为 20min，最后用水冲洗，完成漂白工序。

对正交试验确定的最佳工艺进行重复性验证试验，并对白度和蓬松度指标进行检测，其白度平均值为 45.40%，与未漂白羽绒（28.59%）相比提高了 59%；蓬松度平均值为 632cm^3，与未漂白羽绒（722cm^3）相比降低了 12%。优于正交试验的最高值，因此，羽绒过氧化氢漂白工艺具有可行性。

6.3.4　扫描电子显微镜分析

采用扫描电子显微镜观察过氧化氢漂白前后羽绒纤维形貌，结果见图 6.14，左右两边分别是相同放大倍数下漂白前和漂白后羽绒纤维扫描电子显微镜图。

图 6.14　过氧化氢漂白前（a，a'）、后（b，b'）羽绒纤维形貌

羽绒纤维表面呈径向凹凸不平的沟槽状。从图 6.14 中可以看出，经过氧化漂白后的羽绒表面相比处理前更加粗糙，尤其在绒丝主干上可以明显地看到径向的裂缝。这是因为过氧化氢有强的氧化性，可以破坏羽绒纤维表面的甾醇和三磷酸酯的薄膜，过多的过氧化氢还能进入羽绒角蛋白内部，使肽键断裂，破坏羽绒角蛋白结构。对比可以看出，过氧化氢氧化漂白羽绒纤维会对羽绒纤维造成一定的损伤，故采用过氧化氢漂白羽绒时，需要控制好过氧化氢浓度、时间等条件，避免对羽绒纤维的结构造成破坏。

6.3.5　氨基酸含量分析

取一定量过氧化氢漂白处理羽绒纤维，并对漂白前后羽绒纤维中的氨基酸含量进行检测，结果见表 6.14。

表 6.14　漂白前后羽绒纤维氨基酸含量

名称	含量/（g/kg）		名称	含量/（g/kg）	
	漂白前	漂白后		漂白前	漂白后
天冬氨酸	58.89	60.34	异亮氨酸	33.70	37.41
苏氨酸	43.18	44.04	亮氨酸	59.24	65.44
丝氨酸	96.53	98.35	酪氨酸	32.10	30.38
谷氨酸	88.50	89.55	苯丙氨酸	23.72	35.13
甘氨酸	65.66	67.65	赖氨酸	11.13	18.19
丙氨酸	33.07	32.53	组氨酸	4.28	6.55
半胱氨酸	99.78	87.04	精氨酸	59.67	61.78
缬氨酸	50.23	49.89	脯氨酸	99.88	104.45
甲硫氨酸	4.62	3.09			

注：试验样品为含绒量 90%的白鸭绒。表 6.15、表 6.16 同。

从表 6.14 可知，漂白处理前后羽绒纤维中氨基酸的种类没有发生变化，只有角蛋白氨基酸的含量发生了一定变化。构成羽绒角蛋白的特征氨基酸——半胱氨酸的含量由漂白前的 99.78g/kg 下降到 87.04g/kg，减少了 12.74g/kg，说明过氧化氢的氧化性对半胱氨酸有一定破坏作用。因此应精准控制过氧化氢的处理时间，减少其对角蛋白的损伤。

6.3.6　纤维力学性能分析

JSF08 短纤维力学性能测试仪可以测量 4mm 以上的植物纤维和合成纤维的轴向力学性能。样品采用球槽型加持方式，制样时需将纤维用双面胶粘在塑料板上，在纤维上滴上环氧树脂胶，经一定时间固化后，方可进行试验。JSF08 短纤维力学性能测试仪及球槽型夹持方式见图 6.15，羽绒纤维制样板见图 6.16。

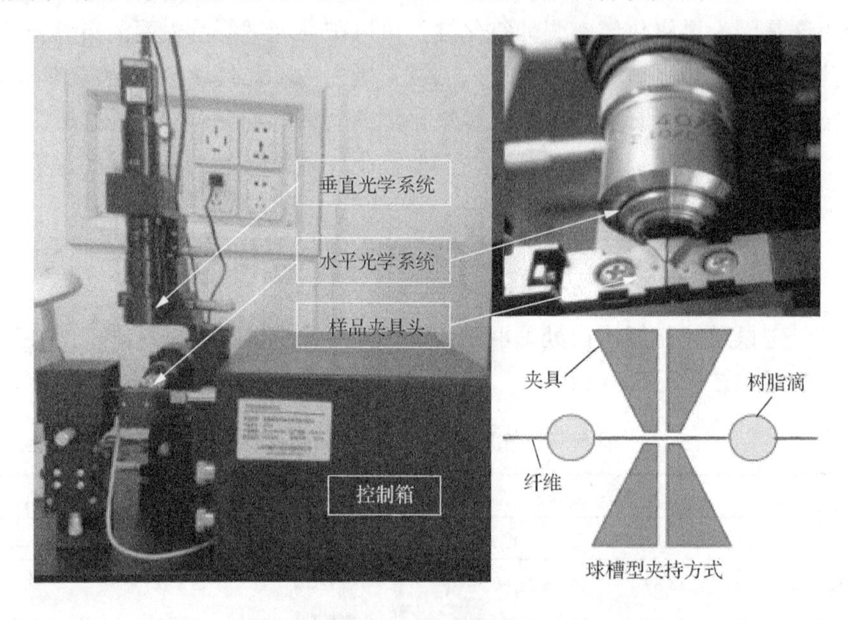

图 6.15　JSF08 短纤维力学性能测试仪及球槽型夹持方式

图 6.16　羽绒纤维制样板

采用短纤维力学性能测试仪 JSF08 测定漂白前后单根羽丝的力学性能，并选取十组有效数据进行计算和分析。其中抗拉强度、断裂伸长率和弹性模量的计算公式分别见式（6.1）、式（6.2）和式（6.3）。

$$T = \frac{F}{S} \times 10^{-3} \tag{6.1}$$

式中，T——抗拉强度（MPa）；

F——断裂载荷（mN）；

S——横截面积（mm^2）。

$$e = \frac{\Delta L}{L} \tag{6.2}$$

式中，e——断裂伸长率（%）；

ΔL——断裂时位移变化量（mm）；

L——初始跨距（mm）。

$$E = \frac{\sigma}{\varepsilon} \times 10^{-3} \tag{6.3}$$

式中，E——弹性模量（GPa）；

σ——应力（MPa）；

ε——应变（%）。

过氧化氢漂白处理前后羽绒纤维力学性能分析结果分别见表 6.15、表 6.16。

表 6.15　漂白前羽绒纤维力学性能分析

	最大载荷/mN	抗拉强度/MPa	断裂伸长率/%	弹性模量/GPa
最大值	70.79	384.72	52.11	2.93
最小值	31.67	280.54	13.10	0.67
平均值	51.56	338.19	26.47	1.57
标准差	10.93	34.92	12.28	0.72

表 6.16　漂白后羽绒纤维力学性能分析

	最大载荷/mN	抗拉强度/MPa	断裂伸长率/%	弹性模量/GPa
最大值	62.04	527.67	32.72	2.35
最小值	36.61	149.31	17.62	0.50
平均值	46.85	293.40	25.17	1.27
标准差	7.74	119.95	5.15	0.64

由表 6.15、表 6.16 可知，经过漂白后，羽绒纤维的最大载荷平均值从 51.56mN 降低到 46.85mN，抗拉强度平均值从 338.19MPa 降低到 293.40MPa，断裂伸长率平均值从 26.47%降低到 25.17%，弹性模量平均值从 1.57GPa 降低到 1.27GPa。可见，经过氧化漂白，羽绒纤维的结构被部分破坏，物理机械强度及弹性降低。

由于羽绒纤维的形态和状态受生长时间、环境差异等的影响，纤维之间的随机性和差异较大。因此选择从整体上分析纤维力学性能。由表 6.15 和表 6.16 可知，抗拉强度的标准差变化较大，由 34.92MPa 增加到 119.95MPa。说明在漂白过程中，过氧化氢氧化纤维不均匀，对一些纤维损伤程度大，另一些损伤程度小，表现出抗拉强度离散程度较大。但是断裂伸长率的标准差降低了，这可能是因为经过氧化漂白后，羽绒纤维受损，弹性降低，纤维易拉断，故断裂伸长率比漂白前低。

图 6.17 和图 6.18 分别是漂白前后典型载荷-位移曲线和典型应力-应变曲线。

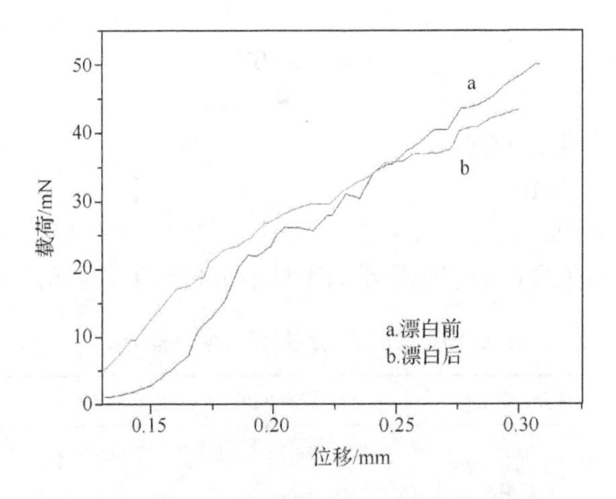

图 6.17　漂白前后羽绒纤维典型载荷-位移曲线

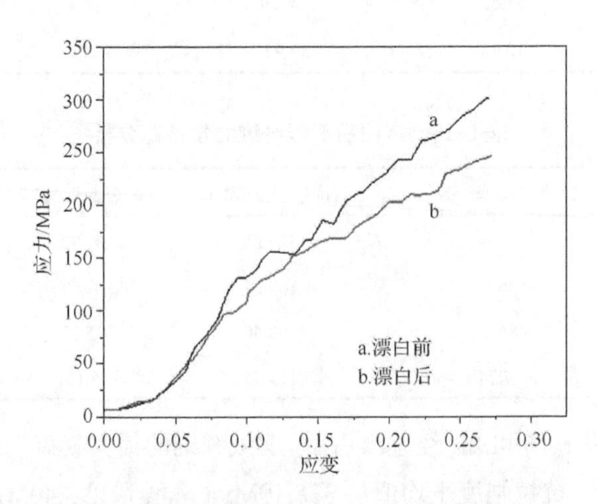

图 6.18　漂白前后羽绒纤维典型应力-应变曲线

由图 6.17 的载荷-位移曲线可知，羽绒纤维在受到小于断裂载荷的拉力时，发生弹性形变，说明羽绒纤维具有较好的弹性。在曲线前半段，当纤维的位移变化量相同时，漂白后纤维所需的载荷大于漂白前，说明漂白后纤维的弹性有所下降；在曲线后半段，由于快要接近纤维的断裂载荷，漂白前后纤维的位移变化量均随着载荷的增加而增大。

应力-应变曲线能充分反映某种单纤维在轴向逐渐增加作用力下的行为和性能。由图 6.18 的应力-应变曲线可知，初始阶段，漂白前后羽绒纤维应力-应变曲线基本重合，然后慢慢分开。应力-应变曲线与 X 轴之间的面积为纤维的断裂功，断裂功可以反映纤维受力后的抵抗能力，从图 6.18 中可以看出漂白前纤维的断裂功大于漂白后纤维的断裂功，说明氧化漂白对纤维有一定损伤，使纤维抵抗外力的能力下降。

通过羽绒纤维漂白前后力学性能分析结果更能说明，过氧化氢漂白对羽绒有一定损伤作用。因此采用过氧化氢漂白时，一定要精准控制漂白条件，尽量减少对羽绒纤维的损伤，同时提高羽绒白度。

根据以上分析，可以得到以下主要结论：

（1）本章采用过氧化氢对羽绒进行漂白处理，通过单因素试验，讨论了过氧化氢浓度、TAED 用量、焦磷酸钠用量、温度、时间、pH 对羽绒白度和蓬松度的影响。

（2）通过正交试验优化了羽绒过氧化氢漂白处理工艺的最佳条件，优化结果为：过氧化氢用量为 15g/L，焦磷酸钠用量为 1.3g/L，温度为 70℃，pH 为 5.5，处理时间为 35min，TAED 用量 2.3g/L，加入 TAED 后再作用 20min，最后用水冲洗。其白度平均值为 45.40%，与未漂白羽绒（28.59%）相比，白度提高率为 59%，蓬松度平均值为 632cm^3，与未漂白羽绒（722cm^3）相比，蓬松度降低了 12%。

（3）通过扫描电镜、氨基酸分析和纤维力学性能分析，考察漂白前后羽绒纤维的结构变化情况。得出结论：过氧化氢漂白对羽绒纤维结构有一定损伤，需要严格把控过氧化氢的用量、时间及温度等条件。

参 考 文 献

[1] 中华人民共和国国家质量监督检验检疫总局, 中华人民共和国国家标准化管理委员会. 羽绒羽毛: GB/T 17685—2016[S]. 北京: 中国标准出版社, 2016.

[2] 赵耀明, 杨崇岭, 蔡婷, 等. 羽毛纤维的结构/性能及应用[J]. 针织工业, 2007(2): 20-23.

[3] 金阳, 李益民, 李薇雅. 羽绒纤维与其它蛋白质纤维结构的比较[J]. 纺织学报, 2003, 24(5): 41-42.

[4] 王洪燕, 潘福奎, 张守斌. 羊毛纤维结构和细化方法概述[J]. 现代纺织技术, 2009, 17(1): 55-58.

[5] 高晶, 于伟东, 潘宁. 羽绒纤维的形态结构表征[J]. 纺织学报, 2007, 28(1): 1-4.

[6] 金阳, 鲍世还, 林伯祥. 羽绒理化性能的研究[J]. 现代纺织技术, 2000, 8(1): 7-10.

[7] 高晶, 于伟东. 羽绒纤维的吸湿性能[J]. 纺织学报, 2006, 27(11): 28-31.

[8] 金阳, 金叶飞, 李薇雅. 羽绒表面性能及其蓬松度的研究[J]. 日用化学工业, 2000, 30(4): 17-19.

[9] 张平. 热塑性禽类羽毛薄膜的力学性能研究[J]. 湖北农业科学, 2011, 50(1): 169-171.

[10] 陈莹, 王宇新. 蛋白及其提取[J]. 材料导报, 2002, 16(12): 65-67.

[11] Yin J, Rastogi S, Terry A E, et al. Self-organization of oligopeptides obtained on dissolution of feather keratins in superheated water[J]. Bio macro molecules, 2007, 8(3): 800-806.

[12] 王海洋, 尹国强, 冯光炷, 等. 羽毛角蛋白/CMC 复合膜的制备及结构和性能[J]. 材料导报, 2014, 28(16): 67-71.

[13] 付亮剑, 陈艳, 孙建义. 生物技术开发羽毛粉和其他角蛋白的潜力[J]. 广东饲料, 2002, 11(6): 11-13.

[14] 陈春侠, 樊理山. 羽绒羽毛检测方法分析[J]. 化纤与纺织技术, 2011, 40(1): 24-26.

[15] 陈春侠, 薛华, 郝姗姗. 新型羽绒含量检测方法研究与探讨[J]. 轻纺工业与技术, 2012, 41(5): 73-74.

[16] 中华人民共和国国家质量监督检验检疫总局. 水洗羽绒羽毛绒子含量检测方法——绒量检测仪法: SN/T 1566—2005[S]. 北京: 中国标准出版社, 2005.

[17] 杨璐源. 羽绒蓬松度测试前处理方法的研究现状[J]. 中国纤检, 2013(1): 81-82.

[18] 刘真. 羽绒蓬松度国标与 IDFB 测试方法比较探讨[J]. 中国纤检, 2014(5): 40-41.

[19] 兰繁, 朱福忠, 孙红, 等. 羽绒清洁度检验方法现状和趋势分析[J]. 中国纤检, 2011(7): 50-52.

[20] 涂貌贞. 水洗羽毛羽绒检验中的常见问题探讨[J]. 中国纤检, 2011(23): 62-63.

[21] 陈春侠, 樊理山. 羽绒羽毛检测方法分析[J]. 化纤与纺织技术, 2011, 40(1): 24-26.

[22] 董云哲, 周作伸. 羽毛羽绒加工工艺[J]. 农业与技术, 2008, 28(1): 126-131.

[23] 中华人民共和国国家质量监督检验检疫总局, 中华人民共和国国家标准化管理委员会. 羽绒羽毛检验方法 GB/T 10288—2016[S]. 北京: 中国标准出版社, 2016.

[24] 朱福忠, 杨诗卓, 陈勇, 等. 浅谈羽绒羽毛检验的仪器设备配置[J]. 中国纤检, 2011(17): 52-54.

[25] 黄伯熹, 巫莹柱, 杜文琴, 等. 核磁共振法快速测定白羽绒残脂率的研究[J]. 五邑大学学报, 2012, 26(4): 19-22.

[26] 曹爱玲, 童兰英, 夏积龙, 等. 中国羽绒之都出口羽绒及其制品的现状分析[J]. 检验检疫科学, 2007, 17(6): 71-73.

[27] 朱玉娇. 基于 90 后人群的“轻羽绒”服装设计研究[D]. 杭州: 浙江理工大学, 2013.

[28] 童彪. 国内羽绒寝具业前景乐观[J]. 纺织服装周刊, 2006(30): 30.

[29] 姚澜. 我国羽绒企业出口营销策略研究[D]. 合肥: 安徽财经大学, 2017.

[30] 花金龙, 廖帼英, 覃灑童, 等. 羽绒制品生态环保要求及其检测方法研究[J]. 中国纤检, 2017(5): 98-99.

[31] 中华人民共和国生态环境部, 中华人民共和国国家质量监督检验检疫总局. 羽绒工业水污染物排放标准: GB 21901—2008[S]. 北京: 中国环境科学出版社, 2008.

[32] 强涛涛. 超支化聚合物在轻工业中的应用[M]. 北京: 科学出版社, 2022.

[33] 李娟. 羽绒脱脂和染色技术的研究[D]. 西安: 陕西科技大学, 2014.

[34] 刘叶. 提高羽绒蓬松度、降低羽绒粉尘含量等提高羽绒品质的研究[D]. 西安: 陕西科技大学, 2014.

[35] 丁伟, 王永正, 刘慧慧. 羽绒羽毛纺织品标准及蓬松度检测方法研究[J]. 山东纺织科技, 2020, 61(5): 33-35.

[36] 高文娇. 改善羽绒蓬松度和白度的技术研究[D]. 西安: 陕西科技大学, 2016.

[37] 张琦. 基于锆鞣剂和酶制剂改善羽绒蓬松度的技术研究[D]. 西安: 陕西科技大学, 2020.

[38] 宋保国, 郑琳, 胡敏, 等. 用羽绒水洗质量折损率评价粉尘含量的方法初探[J]. 印染助剂, 2020, 37(6): 57-59.

[39] 李娟. 羽绒脱脂和染色技术的研究[D]. 西安: 陕西科技大学, 2014.

[40] 强涛涛, 赵静, 李娟, 等. 羽绒染色工艺技术研究[J]. 陕西科技大学学报(自然科学版), 2016, 34(3): 32-36.

[41] 陆英, 张振华, 王黎明, 等. 羽绒纤维的弱酸性染料染色工艺[J]. 印染, 2015, 41(2): 22-26.

[42] 陆英. 羽绒前处理及染色工艺研究[D]. 上海: 上海工程技术大学, 2015.

[43] 高文娇. 改善羽绒蓬松度和白度的技术研究[D]. 西安: 陕西科技大学, 2016.

[44] 王学川, 陈珂, 强涛涛, 等. 漂白活化剂的制备及在羽绒漂白中的应用[J]. 陕西科技大学学报(自然科学版), 2017, 35(2): 12-16.

[45] 鲍杰, 管永华, 王海峰, 等. 灰羽绒脱色漂白工艺优化[J]. 印染, 2021, 47(7): 55-57.